U0001310

40 種萬用百搭好食材指南
200 道便當菜、家常菜輕鬆上桌

冰箱

廚房有這些就安心！

常備

料·理·百·科

食材

韓銀子／宋芝炫 —— 著
陳品芳 譯

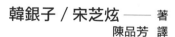

想要傳遞平凡
家常菜的價值

　　雖然餐廳總是會打廣告，說餐廳裡的料理做得像家常菜一樣美味，但當我們在家裡的時候，又希望能學習知名餐廳或料理研究者的美味祕訣。我並不是想透過這本《冰箱常備食材料理百科》，跟讀者分享華麗又神祕的訣竅，而是希望分享每天都能品嘗的平凡家常美味。不是那種像餐廳料理的家常菜，而是讓人每天吃都不會膩的家常菜，而且會讓人想親自動手做來吃，這就是最讓我滿足的結果。

　　如果平常你是那種認為「買了食材吃不完就得丟掉，不如買外食吃還比較省錢」的人，那我希望你能透過這本書，好好了解家常菜的價值。這是一本對兩人以下，擔心買太多會浪費，在購買食材上總是猶豫不決的小家庭來說，非常有用的書。因為不知道該怎麼運用食材，也沒有時間做來吃，所以乾脆當成廚餘丟掉的那些食材，我們聽了其實也感到非常可惜。所以便以韓國人喜歡的當季料理為主，選出 40 種食材，介紹了值得學習的長期、短期保存方式，另外每一種食材也至少介紹 5 種的料理。只要有這本書，那麼遇上「有一大堆馬鈴薯，該做什麼來吃呢？」「買了一把韭菜，還剩很多耶，該做什麼才好呢？」這樣的問題時，就不必再上網查解決辦法或是請身邊的朋友協助解決了。

《冰箱常備食材料理百科》遵循著做菜的基本規則，過程不會太複雜、太困難，不會讓各位因為食材難以處理而放棄料理。專為料理初學者所設計的詳細食譜內容與正確的計量為基礎，盡量將食譜簡化，另外也提供想要更換食材或是缺少某樣食材時，可以用哪些食材替代、可以省略哪些食材的提示。跟著本書的內容一起做，就不需要煩惱計量、食材的種類、製作的順序，只要按部就班跟著做就可以了。讀者可以跟著書上的指示做，也可以配合個人狀況或喜好做變化，相信大家很快就能夠累積足夠的經驗，設計出屬於自己的食譜。

　　希望各位透過本書能夠了解到，料理並不是需要下定決心來做的難事，而是想做的時候就能輕鬆上手的事情。我們努力地設計出作法簡單、美味又健康的料理。如果能夠讓各位不再有「工作一天很累，不想回家還要做菜」的想法，而是回到家之後，一想到吃飯就會感覺心情愉快，甚至成為一種慰藉的話，那對寫這本書的我們來說，就是莫大的快樂了。

　　你喜歡哪一種材料做出來的料理呢？今晚的菜單就是它了！現在就打開《冰箱常備食材料理百科》一起做菜吧！

韓可露&在美媽媽

目錄

常備食材
11×5
食譜

PART1
葉菜菇類

常備食材
12×5
食譜

PART2
瓜果根莖類

常備食材
11×5
食譜

PART3
肉類海鮮

常備食材
6×5
食譜

PART4
蛋豆乾貨

《冰箱常備食材料理百科》使用方式

1. 《冰箱常備食材料理百科》嚴選 40 種日常熟悉的食材，依分類介紹 200 道食譜。
2. 用一種食材可以做出的料理（5 種以上）都不相同，可以減少「食材剩下怎麼辦」或是「該用剩的食材做些什麼」的擔憂。
3. 料理初學者或是 1～2 人的小家庭，完全不會因做菜而感到有壓力，書中介紹的都是簡單又家常的菜色。

主要料理技巧
標示該料理的主要料理方式，也可依照想使用的料理方式，來找想要挑戰的食譜（參考 311～313 頁）。

難易度
這裡標示料理的平均難度。一顆星表示最簡單，三顆星代表最難。

料理時間
製作料理所需的平均時間，不計算浸泡、吐沙、去血水等前置作業的時間，僅標示料理的時間。

分量
以不同料理方式製作時平均可做出多少，會標示通常是幾人份，也會配合不同的料理，告知適合的容器與容量。

料理技巧
煎

難易度 ★★
料理時間 20分鐘
分量 2人份

4. 食材難入手，或是只想用家裡有的食材來做菜的話，請看「簡易食譜」。這部分會介紹可以省略的食材、可以替代的食材。
5. 也可用依照料理方式分類的食譜（311 ～ 313 頁）、依照食材分類的食譜（313 ～ 317 頁）來找食譜。

02
韭菜

 滴滴答答的下雨天就會想起它

韭菜煎餅

準備食材
韭菜一把
洋蔥 1 顆
紅蘿蔔 1/4 根
煎餅粉 1 杯
水 2/3 杯
雞蛋 1 顆
沙拉油適量

作法 •
1 將韭菜切成適當的長度，紅蘿蔔和洋蔥切絲。（圖 1）
2 把雞蛋、水與煎餅粉混合攪拌成麵糊，然後再加入紅蘿蔔和洋蔥攪拌。（圖 2）
3 將沙拉油倒入預熱好的平底鍋中，倒入麵糊後將麵糊鋪成扁平狀，然後再煎至外皮酥脆。（圖 3）

TIPS
⊕ 如果在煎餅粉裡面加一點麵包粉，煎餅會更酥脆。

作法
將料理方式整理的一目了然，詳細說明讓讀者只看文字就能跟著做。

TIPS
提供對料理過程有幫助的小祕訣。

簡易食譜
⊖ **可省略食材**
洋蔥、紅蘿蔔、雞蛋
⊖ **可替換食材**
煎餅粉→麵粉+鹽巴

023

簡易食譜
此處標出可省略的食材、可替代的食材，所以即使是用手邊沒有的特定食材或以陌生食材入菜的料理，也可以輕鬆完成。

PART 1

葉菜菇類

葉菜菇類

常備食材
11×5
食譜

韭菜	高麗菜	薺菜	老泡菜
韭菜煎餅	高麗菜沙拉	薺菜義大利麵	豆芽泡菜湯
×	×	×	×
涼拌韭菜	炒高麗菜	薺菜拌蛤蜊	泡菜炒飯
×	×	×	×
辣拌韭菜	高麗菜捲	薺菜大醬湯	泡菜燉鮪魚
×	×	×	×
韭菜拌飯	醃高麗菜	薺菜煎餅	泡菜燉雞
×	×	×	×
蒜香義大利麵	高麗菜炒香腸	薺菜飯	泡菜煎餅

大白菜	花椰菜	珠蔥	菠菜
大白菜魚板湯	花椰菜粥	涼拌珠蔥	菠菜蒜香義大利麵
×	×	×	×
大白菜泡菜	花椰菜濃湯	海鮮煎餅	紫蘇醬拌菠菜
×	×	×	×
大白菜煎餅	花椰菜拌大醬	珠蔥泡菜	菠菜焗烤蛋
×	×	×	×
生拌白菜絲	花椰菜炒馬鈴薯	辣醬珠蔥	菠菜青醬
×	×	×	×
白菜火鍋	花椰菜蛋捲	炒珠蔥	生醃菠菜

綠豆芽菜	黃豆芽	香菇
涼拌綠豆芽	筋道拌麵	香菇飯
×	×	×
豆芽炒牛肉	豆芽鹹菜	香菇火鍋
×	×	×
辣牛肉湯	黃豆芽湯	洋菇濃湯
×	×	×
餃子	黃豆芽飯	香菇煎餅
×	×	×
紫蘇拌豆芽	豆芽冷湯	炒香菇

韭菜

🔍 如補品一般的韭菜

有句話說春天的韭菜,不會拿去換人蔘或鹿茸。韭菜是一種可以恢復精力的蔬菜,但也是不能拿到寺廟裡去的五辛菜之一。因為能夠滋養補身所以被稱是對男性有益的蔬菜,且因為食性溫暖的關係,對體質偏寒涼的女性也很有效。自古以來就被稱為補肝蔬菜,富含維生素 A、C,具解毒作用,幫助血液循環順暢。

👆 挑選方式

比起葉子較長的韭菜,通常我們會選擇葉子較短且圓潤、堅實,顏色看起來不會太不自然的韭菜。

🧺 保存方式

以報紙或是其他紙張包起來,用塑膠袋裝起來冷藏,一星期內都可維持新鮮度。如果把韭菜洗乾淨、水分擦乾之後切碎,用塑膠袋或夾鏈袋裝起來冷凍,則可以長時間使用。

RECIPE 1	RECIPE 2	RECIPE 3	RECIPE 4	RECIPE 5
辣拌韭菜	韭菜煎餅	涼拌韭菜	韭菜拌飯	蒜香義大利麵

滴滴答答的下雨天就會想起它

韭菜煎餅

食材
韭菜一把
洋蔥 1 顆
紅蘿蔔 1/4 根
煎餅粉 1 杯
水 2/3 杯
雞蛋 1 顆
沙拉油適量

作法
1 將韭菜切成適當的長度,紅蘿蔔和洋蔥切絲。(圖 1)

2 把雞蛋、水與煎餅粉混合攪拌成麵糊,然後再加入紅蘿蔔和洋蔥攪拌。(圖 2)

3 將沙拉油倒入預熱好的平底鍋中,倒入麵糊後將麵糊鋪成扁平狀,然後再煎至外皮酥脆。(圖 3)

TIPS
➕ 如果在煎餅粉裡面加一點麵包粉,煎餅會更酥脆。

簡易食譜
➖ **可省略食材**
洋蔥、紅蘿蔔、雞蛋

➡ **可替換食材**
煎餅粉→麵粉 + 鹽巴

半把韭菜化身美味佳餚

涼拌韭菜

食材

韭菜半把
燙韭菜用的鹽巴 1/2 小匙
切絲的甜椒 1/2 大匙
切絲的洋蔥 1/3 大匙
鹽巴 1/3 小匙
芝麻鹽 1/2 小匙
麻油 1/2 小匙

作法

1 在滾水中加入鹽巴後把韭菜燙熟。

2 燙過的韭菜迅速用冷水沖洗，接著把多餘的水分擠乾並切成適當的長度。

3 將甜椒和洋蔥切成細絲。

4 把韭菜、甜椒、洋蔥裝入同一個容器，加鹽巴、芝麻鹽與麻油後均勻攪拌。（圖 1）

TIPS

➕ 汆燙韭菜時，韭菜在熱水中泡一下就要馬上撈起來沖冷水，這樣才不會軟掉，也才能維持顏色鮮豔。

簡易食譜

➖ **可省略食材**
甜椒

➡ **可替換食材**
鹽巴→湯醬油

料理技巧
拌

難易度 ★
料理時間 10分鐘
分量 1人份

吃肉不配它就渾身不對勁

辣拌韭菜

食材
韭菜半把
洋蔥 1/2 顆
黃瓜 1/6 根

醬料
梅子汁 3 大匙
魚露 1 大匙
辣椒粉 1 大匙
蒜末 1/2 小匙
芝麻鹽 1/2 小匙
麻油 1/2 小匙

簡易食譜

⊖ **可省略食材**
　蒜末、紅蘿蔔

⊕ **可替換食材**
　梅子汁→砂糖
　魚露→釀造醬油

作法
1 將韭菜切成適當的長度，洋蔥和黃瓜也切成條狀。（圖 1）
2 用準備好的食材把醬料調好。（圖 2）
3 將韭菜、洋蔥、黃瓜加在一起，再加醬料拌勻。

TIPS
⊕ 辣拌韭菜拌完直接吃最新鮮、美味，所以只要先把醬料做好放著
　就可以了。
⊕ 可依照個人喜好加點醋。

料理技巧
燉煮

難易度 ★★
料理時間 20分鐘
分量 1人份

料理技巧
炒

難易度 ★★
料理時間 40分鐘
分量 1人份

香濃的大醬拌出美味一餐

韭菜拌飯

食材
飯·米一杯、糯米 1/2 杯、大麥 1/2 杯、水 2 杯、韭菜半把、洋蔥 1/2 顆、櫛瓜 1/4 根、香菇 1 個、青陽辣椒 1 個、鯷魚昆布湯 *1/2 杯、麻油 1 小匙、大醬 2 大匙、辣椒粉 1 小匙

作法
1 將白米、糯米和大麥浸泡 30 分鐘以上，然後一起煮成飯。
2 將韭菜切成 3 公分長。
3 香菇、洋蔥、櫛瓜、青陽辣椒切碎。
4 將沙拉油倒入預熱好的平底鍋，放入切碎的蔬菜炒一炒。
5 將鯷魚昆布湯倒入炒過的蔬菜中，再加入大醬和辣椒粉熬煮成濃稠狀。
6 將韭菜放在飯上，挖一點煮好的大醬放上去。

TIPS
➕ 沒有鯷魚昆布湯時，可以用洗米水或是開水加昆布、鯷魚熬煮。
✱ 請參考第 307 頁。

簡易食譜
➖ **可省略食材** 糯米、大麥
↻ **可替換食材** 鯷魚昆布湯→水、洗米水

加了點韭菜

蒜香義大利麵

食材
義大利麵條 60 克、煮麵條的鹽巴 1/2 大匙、韭菜半把、黃豆芽 50 克、煮黃豆芽的鹽巴 1 小匙、蒜頭 3 個、橄欖油 3 大匙、鹽巴 1/2 小匙

作法
1 在滾水中加入鹽巴，並把黃豆芽燙熟。
2 將韭菜切成跟黃豆芽一樣的長度，蒜頭切片。
3 將橄欖油倒入平底鍋，放入蒜片爆香。
4 在滾水中加入鹽巴，並把麵條煮熟。
5 麵條快熟時，就用剛炒過蒜片的平底鍋炒一下韭菜和黃豆芽。
6 將煮好的麵條放入平底鍋，跟炒過的蔬菜拌勻後用鹽巴調味。
7 麵條裝盤，再撒上切碎的韭菜切。

TIPS
➕ 如果不放黃豆芽，麵條的量可以多一點。
➕ 煮麵所需要的時間請參考麵條包裝上的指示。

簡易食譜
➖ **可省略食材** 黃豆芽
↻ **可替換食材** 蒜頭→蒜末

高麗菜 🔍

連內層都要洗乾淨再料理

一般人把高麗菜外面的葉子剝掉之後，通常會認為裡面很乾淨，所以總是隨便洗一洗，有時候甚至連洗都不洗就直接拿來吃。但是高麗菜從還是幼苗的時候，就持續在灑農藥，所以每一層葉子之間都有農藥，這件事請大家務必銘記在心。因為農藥是水溶性的，所以請把高麗菜泡在水中 5 ～ 10 分鐘左右，經過數次清洗後再拿來料理。雖然也有一些加醋、加蘇打甚至是加燒酒的洗滌方式，但其實只要用清水洗就夠了。不過如果泡水超過 10 分鐘以上營養就會開始被破壞，所以注意別泡太久。

🖐 挑選方式

比起外葉已經被摘掉，整顆切開來的高麗菜，建議選擇有又厚顏色又深的綠色外葉包裹，拿起來非常沉重的高麗菜。

🛒 保存方式

外葉剝掉之後，可以用報紙等紙類包覆高麗菜冷藏保存，或是把高麗菜心切下來，把沾了水的廚房紙巾塞進原本菜心的位置，這樣就可以減緩高麗菜枯黃的速度。也可以把要用的分量留下來，剩餘的都醃起來放，這樣要做小菜、沙拉、三明治等就很方便。

RECIPE 1	RECIPE 2	RECIPE 3	RECIPE 4	RECIPE 5
高麗菜沙拉	炒高麗菜	高麗菜捲	醃高麗菜	高麗菜炒香腸

搭配玉米片一起更美味

高麗菜沙拉

食材
高麗菜 5 片
紫高麗菜 2 片
菊苣 5 片
紅蘿蔔 1/4 個
玉米片 1 杯

沙拉醬
蒜味奶油 1 小匙
檸檬汁 1 大匙
糖漬蘋果汁 2 大匙
醋 1 大匙
蒜末 1/2 小匙
碎香芹 1/2 小匙
碎紅椒 1/2 小匙
鹽巴 1/3 小匙

作法

1 將高麗菜、紫高麗菜、紅蘿蔔切絲，菊苣用手撕碎，並用冰水浸泡這些蔬菜。

2 把蔬菜從冰水中撈出，將多餘的水分甩乾。（圖 1）

3 將沙拉醬材料混在一起，做成沙拉醬成品。（圖 2）

4 最後將蔬菜裝進碗中再淋上醬料，玉米片另外裝一碗。

TIPS

➕ 沙拉用的蔬菜泡過冰水再吃會更脆。不過如果水分過多味道會變差，所以要盡量把水弄乾。

➕ 單吃高麗菜沙拉也可以，但搭配玉米片一起，就可以代替正餐囉。

簡易食譜

➖ **可省略食材**
　紫高麗菜、菊苣、
　紅椒、玉米片

➡ **可替換食材**
　糖漬蘋果汁→砂
　糖、糖漬梅子汁
　碎香芹→香芹粉
　檸檬汁→醋
　蒜味奶油→奶油、
　美乃滋

難易度 ★
料理時間 15分鐘
分量 1～2人份

甜甜滋味讓小孩讚不絕口

炒高麗菜

食材
高麗菜 4 片
水芹 2 株
紅蘿蔔 1/4 個
蒜末 1 小匙
麻油 1/2 小匙
芝麻鹽 1/2 小匙
鹽巴 1/3 小匙
沙拉油 1 大匙

作法
1 高麗菜切絲後用鹽巴稍微醃一下，然後輕輕把多餘的水分
壓掉。(圖1)

2 接著紅蘿蔔切絲，水芹則切成適當的長度。

3 將蒜末放入已經倒了沙拉油的平底鍋，跟高麗菜、紅蘿蔔
一起炒。(圖2)

4 再加水芹、麻油、芝麻鹽一起炒。

TIPS
➕ 也可以調味淡一點配麵包一起吃。

簡易食譜
➖ **可省略食材**
水芹

🔄 **可替換食材**
紅蘿蔔→洋蔥

料理技巧
蒸

難易度 ★★
料理時間 15分鐘
分量 1～2人份

用調味醬油更美味

高麗菜捲

食材

高麗菜 1/4 顆

調味醬油

釀造醬油 2 大匙
湯醬油 1/2 小匙
芝麻鹽 1 小匙
蒜末 1/3 小匙
碎水芹 1 小匙

作法

1 把高麗菜洗乾淨後放入電鍋蒸。(圖1)

2 冒煙之後等 3 ～ 4 分鐘左右,再把高麗菜拿出來。

3 把準備好的材料調在一起,做成調味醬油。(圖2)

4 將蒸好的高麗菜裝在容器中,搭配調味醬油一起吃。

TIPS

➕ 高麗菜用水直接燙熟味道會變差,所以最好用蒸的。

➕ 如果是用微波爐的話,可以在盤子裡加點水後放上高麗菜,然後用保鮮膜包起來 保鮮膜上戳幾個小洞再放進去熱(高麗菜 1/4 顆,根據微波爐款式不同熱 5 ～ 7 分鐘不等)。

簡易食譜

➖ **可省略食材**
   湯醬油

➡ **可替換食材**
   水芹→山蒜、蔥

料理技巧
發酵

難易度 ★★
料理時間 2小時
分量 2.5公升的玻璃瓶

檸檬帶來的清爽感

醃高麗菜

食材

高麗菜 1/2 顆、檸檬 1/2 顆、水 4 杯、會辣的
乾辣椒 2 個、粗鹽 1/2 杯

甜醋液 水 1 杯半、醋 1 杯、砂糖 1/2 杯、梅
子汁 1/2 杯、鹽巴 1 大匙、胡椒粒 1 小匙

作法

1 把高麗菜一片一片剝開來，洗乾淨之
　後切成方便食用的大小。

2 鹽巴倒進水中攪拌成鹽水。

3 將高麗菜浸泡在鹽水中醃 30 ～ 40 分
　鐘，然後撈出來把水甩乾。

4 將甜醋液的材料倒入湯鍋中，煮到砂
　糖融化後就關火放涼。

5 把檸檬洗乾淨並切成薄片，乾辣椒切
　成適當的大小。

6 將醃好的高麗菜、檸檬、乾辣椒裝進
　用熱水消毒過的玻璃瓶中，然後倒入
　甜醋液。

7 放進冰箱裡冷藏 1 ～ 2 天後就能吃了。

TIPS

➕ 不先用鹽醃高麗菜，甜醋液就必須增加為
　兩倍。

➕ 甜醋液中水、醋、糖的比例都是 1：1：1，
　可依照個人口味調整。

簡易食譜

➖ **可省略食材** 會辣的乾辣椒、胡椒粒、檸檬、
　梅子汁

➡ **可替換食材** 胡椒粒→月桂葉

料理技巧
炒

難易度 ★★
料理時間 20分鐘
分量 1～2人份

男女老少都喜歡

高麗菜炒香腸

食材

高麗菜 3 片、維也納香腸 100 克、洋蔥 1/2
個、甜椒 1/2 個、蒜末 1/2 小匙、蠔油 1/2
小匙、沙拉油 1 大匙、芝麻 1/2 大匙

醬料 番茄醬 3 大匙、辣椒醬 1 大匙、果糖 1
大匙、料理酒 1 小匙、麻油 1/2 小匙

作法

1 維也納香腸用滾水燙過之後斜切片。

2 高麗菜、洋蔥、甜椒切成一口大小。

3 將沙拉油倒入預熱好的平底鍋，再加
　入蒜末和洋蔥去炒。

4 接著放入維也納香腸、高麗菜、甜椒
　和蠔油一起炒。

5 最後倒入醬料翻炒拌勻後撒上芝麻。

TIPS

➕ 也可以用冰箱裡面剩的少量蔬菜。

簡易食譜

➖ **可省略食材** 甜椒、料理酒、果寡糖

➡ **可替換食材** 果糖→砂糖、糖漿、玉米糖漿
　| 蠔油→釀造醬油

薺菜

🔍 春季野菜的帝王

薺菜長長的根和不太起眼的葉子，處理起來好像很麻煩，所以通常是大家不會去碰的食材。但要是知道它的功效，那絕對不可能錯過只有春天才能吃到的珍貴薺菜。薺菜中不僅含有對肝臟、眼睛健康有益的維生素 A、幫助恢復元氣的維生素 B1、防止老化恢復疲勞的維生素 C，更有蛋白質、鈣、鉀、鐵等，可說是春季野菜當中營養最豐富的一種。薺菜是蛋白質含量最高的蔬菜，鈣質含量比相同分量的牛奶還高。春季野菜的帝王並非浪得虛名。

👆 挑選方式

挑選香味濃郁、根不會太粗，葉子還呈現深綠色的最好。

處理方式

因為要連根一起料理才能吃到精華，所以只要用刀把受損的根部與葉子切掉，泡在水裡把土洗乾淨之後，再用自來水洗乾淨即可。

🧺 保存方式

把處理後洗乾淨的薺菜切一切，留下要使用的分量，剩餘的裝進塑膠袋中密封冷凍保存，或是燙過之後加點水冷藏保存，這樣就可以吃一年。

RECIPE 1	RECIPE 2	RECIPE 3	RECIPE 4	RECIPE 5
薺菜義大利麵	薺菜拌蛤蜊	薺菜大醬湯	薺菜煎餅	薺菜飯

用薺菜代替羅勒
....

薺菜義大利麵

食材

義大利麵條 90 克
煮麵用的鹽巴 1 大匙
橄欖油 2 大匙
蒜末 1 小匙

蛤蜊湯
蛤蜊 2/3 杯
水 2 杯

薺菜青醬
燙過的薺菜 150 克
堅果 1/3 杯
蒜頭 4 個
橄欖油 4 大匙半（70
毫升）
鹽巴 1/4 小匙

作法

1 將薺菜青醬的食材全部用攪拌機打在一起，做成薺菜青醬。（圖 1）

2 將煮蛤蜊湯的食材放入湯鍋中煮，煮好後再將蛤蜊撈出。（圖 2）

3 在滾水中加點鹽巴，將義大利麵條放入煮 7 ～ 8 分鐘。

4 將橄欖油倒入平底鍋，放入蒜末炒香後再倒入蛤蜊肉一起炒。（圖 3）

5 煮熟的麵倒入平底鍋中一起炒，然後倒入大約 1/2 杯的蛤蜊湯。（圖 4）

6 最後加兩大匙薺菜青醬拌炒。（圖 5）

TIPS

➕ 薺菜通常都是連根一起吃，但要做薺菜青醬的話就只需要用葉子。
➕ 如果麵條水煮過後還要再炒的話，煮的時間要比包裝上的標示少 1 ～ 2 分鐘。

簡易食譜

➖ **可省略食材**
  蛤蜊

➡ **可替換食材**
  蛤蜊湯→煮麵水

料理技巧
拌

難易度 ★★
料理時間 30分鐘
分量 3～4人份

 幫開胃的美味

薺菜拌蛤蜊

食材
薺菜 200 克
蛤蜊肉 1/2 杯
料理酒 1 小匙
碎蔥 1 大匙
鹽巴 1 小匙

醬料
辣椒醬 2 大匙
梅子汁 2 大匙
糖漿 1 大匙
醋 1 大匙
蒜末 1 小匙
芝麻鹽 1/2 小匙

作法

1 先將薺菜處理好後用加了鹽的滾水燙 30 秒。（圖 1）

2 用冷水沖洗燙過的薺菜，再把多餘的水分甩乾。

3 蛤蜊肉用稀鹽水洗一洗，然後放入加了料理酒的滾水燙熟。（圖 2）

4 用準備好的材料把醬料調好。（圖 3）

5 將薺菜、蛤蜊肉、碎蔥加入醬料中攪拌均勻。（圖 4）

TIPS

➕ 拌薺菜適合用比較嫩的薺菜。

➕ 用哪一種蛤蜊肉都沒關係，但燙的時候一定要加酒。

➕ 裝進碗裡之前先淋一點香油，這樣會更香。

簡易食譜

➖ **可省略食材**
糖漿

➡ **可替換食材**
料理酒→清酒、燒酒、月桂葉
梅子汁→砂糖
糖漿→玉米糖漿

散發春天的香味

薺菜大醬湯

食材
薺菜 150 克
豆腐 1/2 塊
蛤蜊肉 1/2 杯
洗米水 4 杯
大醬 1 大匙
蒜末 1 小匙
大蔥 1/2 根

作法

1 將薺菜和蛤蜊肉洗乾淨，切成適當的大小。（圖 1）

2 用洗米水把大醬泡開，加入薺菜、豆腐、蒜末熬煮。（圖 2）

3 大約煮 10 分鐘左右，再把大蔥切一切加進去就完成了。

TIPS

➕ 煮太久的話味道會變甜，要多注意。

➕ 放進大醬湯裡的薺菜要連根一起放，這樣才能吃到薺菜的美味。

簡易食譜

➖ **可省略食材**
　豆腐

➡ **可替換食材**
　洗米水→水
　蛤蜊肉→鯷魚＋昆布

❶

❷

料理技巧
煎

難易度 ★★
料理時間 20分鐘
分量 2人份

料理技巧
燉煮

難易度 ★★
料理時間 30分鐘
分量 2人份

越嚼越香越有嚼勁

薺菜煎餅

食材

薺菜 100 克、拌薺菜的煎餅粉 1 大匙、雞蛋 1 顆、青陽辣椒 1 個、洋蔥 1/2 個、秀珍菇 70 克、水 1/2 杯（100 毫升）、煎餅粉 4 大匙、沙拉油 2 大匙

作法

1 先將薺菜處理好洗乾淨後，加入煎餅粉拌一拌。

2 秀珍菇可以切也可以用手撕，洋蔥和青陽辣切絲。

3 用雞蛋、煎餅粉、水調成麵糊，加入薺菜等蔬菜攪拌。

4 將沙拉油倒入預熱好的平底鍋，倒一匙麵糊上去，煎成金黃酥脆的煎餅。

TIPS

➕ 哪一種香菇都可以，只要用冰箱裡面勝的香菇就行了。

➕ 倒入平底鍋裡的麵糊上，可以再放裹點煎餅粉的薺菜，這樣看起來會更美味

每一口都香氣四溢

薺菜飯

食材

米 1 杯、糯米 1/3 杯、水 1 杯半、薺菜 150 克、燙薺菜用的鹽巴 1 小匙、蒜末 1/3 小匙、碎蔥 1/2 小匙、麻油 1/2 小匙、鹽巴 1/3 小匙

作法

1 先把米和糯米洗好 浸泡至少30分鐘。

2 薺菜處理好後，用加了鹽巴的滾水燙過後再用冷水浸泡，然後將多餘的水分甩乾。

3 將薺菜、蒜末、碎蔥、麻油、鹽巴放入同個容器中拌勻。

4 把泡好的米裝進湯鍋裡，放上已經拌好醬料的薺菜後加水煮飯。

5 以中火熬煮，然後轉小火把飯悶熟。

6 待飯熟了之後，再把飯翻一翻讓薺菜均勻分布，然後盛入碗裡即可。

TIPS

➕ 可以搭配調味醬油拌著吃。

➕ 用壓力鍋或是電鍋來煮都會更方便。

簡易食譜

⊖ **可省略食材** 青陽辣椒、香菇、雞蛋

⊙ **可替換食材** 煎餅粉→麵粉 + 鹽巴

簡易食譜

⊖ **可省略食材** 糯米、碎蔥

⊙ **可替換食材** 鹽巴→湯醬油

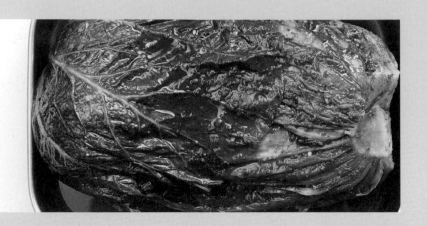

老泡菜

🔍 與酸泡菜截然不同的風味

在高溫下經歷長時間熟成，經歷酸化過程的叫酸泡菜。而老泡菜則是讓過冬泡菜在低溫下，經過一年以上的時間慢慢熟成。酸泡菜已經離開了乳酸菌發酵的過程，進入醋酸發酵的狀態，所以吃起來會酸，但老泡菜則是長時間維持在乳酸菌發酵的狀態下，所以除了酸之外還有爽口的好滋味。為了製作老泡菜，在醃製泡菜時通常不會放入蝦醬，或是會少放一些蘿蔔絲跟內層的醃料。因為要這麼做白菜才不會熟透，也不會發出異味。

🍲 處理方式

用自來水洗乾淨後把水分擠乾再料理。

🧺 保存方式

吃剩的老泡菜可以用滾水燙一燙，然後把水擠乾再冷凍。

RECIPE 1	RECIPE 2	RECIPE 3	RECIPE 4	RECIPE 5
豆芽泡菜湯	泡菜炒飯	泡菜燉鮪魚	泡菜燉雞	泡菜煎餅

料理技巧
燉煮

難易度 ★★
料理時間 40分鐘
分量 2～3人份

讓人通體舒暢

豆芽泡菜湯

食材
黃豆芽 110 克
老泡菜 1 瓣
蝦子粉 1/2 小匙
蒜末 1 小匙
昆布水＊ 4 杯
鹽巴 1/2 小匙
大蔥 1/2 根

作法

1 抹掉一些老泡菜的醃料，然後把泡菜切成塊。

2 黃豆芽的豆筴剝掉後洗乾淨。

3 老泡菜、黃豆芽、蝦子粉、蒜末、昆布水全放入湯鍋燉煮。（圖 1）

4 開始沸騰後再多滾 15 分鐘。（圖 2）

5 把火關小，用鹽巴調味，最後加入大蔥就完成了。

TIPS

⊕ 黃豆芽通常要煮 7 ～ 8 分鐘才會全熟，但為了要更適合老泡菜的口感，黃豆芽湯要煮 15 分鐘左右。

⊕ 如果在黃豆芽湯沸騰時把蓋子掀開，黃豆芽會產生臭味，所以注意不要把鍋蓋掀開，或著是從一開始就乾脆別蓋蓋子。

＊ 請參考第 270 頁的 TIPS。

簡易食譜

⊖ **可省略食材**
蝦子粉

⊕ **可替換食材**
昆布水→水、水 +
鯷魚
大蔥→韭菜

 誰來做都好吃

泡菜炒飯

食材
老泡菜 1 顆
培根 2 片
洋蔥 1 個
櫛瓜 1/3 條
碎韭菜 4 大匙
飯 1 碗半
蠔油 1 大匙
沙拉油 2 大匙

作法
1 先把老泡菜上面的醃料洗掉，接著把水擠乾後切塊。(圖 1)
2 將培根、洋蔥、櫛瓜、韭菜也切成適當的大小。(圖 1、2)
3 沙拉油倒入平底鍋，加入培根、老泡菜、洋蔥去炒。(圖 3)
4 倒入白飯一起炒，並加蠔油調味。
5 最後加進櫛瓜和韭菜，再輕輕翻炒一下。(圖 4)

TIPS
➕ 把芝麻葉或水芹切碎後放進去，吃起來更香。
➕ 用蠔油調味較香，用鹽巴調味則是比較爽口。
➕ 也可以配煎蛋或是水煮蛋。

簡易食譜
➖ **可省略食材**
培根、櫛瓜
➡ **可替換食材**
蠔油→鹽巴
培根→火腿、香腸

 超簡單燉菜

泡菜燉鮪魚

食材
老泡菜 1 顆（400 克）
鮪魚罐頭 1 個（250 克）
鴻喜菇 1/2 杯
鰻魚昆布湯＊ 2 杯
蒜末 1 小匙
辣椒粉 1 小匙
青陽辣椒 2 個
大蔥 1 根
鹽巴少許

作法
1 先輕輕把老泡菜上多餘的醃料抖掉。（圖 1）
2 將鮪魚倒入濾網，把多餘的油濾掉。（圖 2）
3 老泡菜、鮪魚、鴻喜菇、蒜末、辣椒粉放入湯鍋。（圖 3）
4 接著倒入鰻魚昆布湯後開大火煮，開始沸騰後轉為中火，燉煮至湯汁變濃稠。（圖 4）
5 待湯汁變濃稠後以鹽巴調味，接著青陽辣椒和大蔥切一切加進去，稍微再滾一下就能起鍋了。

TIPS
➕ 沸騰的時候不要攪拌，這樣才能避免湯汁變混濁。
＊ 請參考第 307 頁。

簡易食譜
➖ **可省略食材**
青陽辣椒
➡ **可替換食材**
鰻魚昆布湯→水、洗米水
鴻喜菇→秀珍菇、杏鮑菇

料理技巧 **燉煮**

難易度 ★★★
料理時間 50分鐘
分量 2人份

又辣又麻的濃郁滋味

泡菜燉雞

食材
老泡菜 2 瓣、中等大小的雞 1 隻、清酒 2 大匙、水適量、大蔥 1 根
雞肉調味 辣椒醬 1 大匙、辣椒粉 1 大匙、生薑粉 1/3 小匙、蒜末 1 小匙、糖漬洋蔥汁 2 大匙

作法
用自來水把雞洗乾淨,然後用加了清酒的滾水燙熟。

1 燙熟的雞肉用冷水沖涼,接著把水擦乾再調味。

2 輕輕把老泡菜上的醃料抖掉,放入湯鍋中。

3 調味好的雞肉放在泡菜上,水加到可以完全蓋過雞肉的高度,然後用大火燉煮。

4 沸騰後轉為中火,繼續燉煮直到湯汁變稠,讓雞肉能完全吸收老泡菜的味道。

5 湯汁快要收乾時把大蔥切一切加進去,這樣就完成了。

TIPS
➕ 老泡菜不要切,整瓣放進去會更好吃。

簡易食譜
➖ **可省略食材** 生薑粉
➡ **可替換食材** 生薑粉→生薑汁 | 糖漬洋蔥汁→糖漬梅子汁、砂糖、料理酒

料理技巧 **烤**

難易度 ★★
料理時間 20分鐘
分量 1人份

加了年糕更有嚼勁

泡菜煎餅

食材
老泡菜 1 瓣、煮年糕湯用的年糕 1 杯、煎餅粉 1 杯半、雞蛋 1 顆、水 1 杯、糯米粉 2 大匙、沙拉油適量

作法
1 用水把年糕泡開,然後用果汁機打到只剩下細小顆粒,或是用刀切碎。

2 把老泡菜的醃料抹掉,然後切絲。

3 將煎餅粉、糯米粉、雞蛋全倒入碗裡,加水後攪拌成麵糊。

4 將年糕和老泡菜放入麵糊中均勻攪拌。

5 沙拉油倒入預熱好的平底鍋,倒上麵糊後煎熟。

TIPS
➕ 若年糕硬邦邦地黏在一起,要泡水後才能用。
➕ 在煎餅裡加年糕口感會更好,吃起來更特別。如果冰箱裡還有煮年糕湯剩的年糕,可以拿來試試看。

簡易食譜
➖ **可省略食材** 糯米粉、雞蛋
➡ **可替換食材** 煎餅粉→麵粉

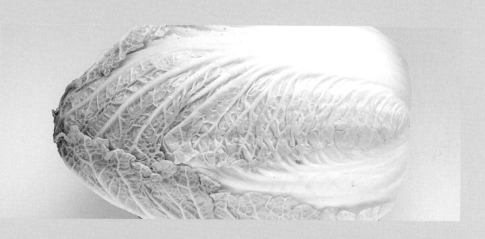

大白菜

滿滿都是鉀，滿滿都是鈣

韓國菜的核心是泡菜，而泡菜的核心就是大白菜。而大白菜的核心，則在於能夠排出鈉的鉀。雖然你可能擔憂泡菜是醃漬食品，會攝取過多鹽分，但其實泡菜美味與營養兼具。大白菜含有大量的鈣質，也含有大量的抗癌物質硫配醣體、鎂、鋅、維生素 C、膳食纖維等許多營養。讓我們拋開大白菜就等於泡菜的既定印象，認同大白菜的營養價值，用它來做出各式各樣的料理吧。

挑選方式

應該要挑選外葉保存完整、呈現深綠色，且大小中等、沉重的大白菜。內葉太硬太絮實的大白菜不好吃，所以挑選時應該盡量避免。

處理方式

將外葉和枯黃的葉子摘掉，從底部切成四等分之後，再用自來水洗乾淨。

保存方式

外葉摘下後可汆燙並冷凍成乾菜，內葉則用報紙包起來冷藏。

RECIPE 1
大白菜魚板湯

RECIPE 2
大白菜泡菜

RECIPE 3
大白菜煎餅

RECIPE 4
生拌白菜絲

RECIPE 5
白菜火鍋

料理技巧
燉煮

難易度 ★★
料理時間 30分鐘
分量 2〜3人份

 涼爽秋日的絕佳拍檔

大白菜魚板湯

食材
娃娃菜葉 10 片
魚板 150 克
蒜末 1 小匙
珠蔥 1 根
湯醬油 1 大匙
魚露 1 小匙
肉湯 3 杯
鹽巴 1/3 小匙
胡椒 1/3 小匙

肉湯材料
昆布 3 片（4×5 公分）
鯡魚 10 條
蘿蔔 50 克
大蔥 1/3 根
青陽辣椒 2 個
水 4 杯

簡易食譜

⊖ **可省略食材**
　鯡魚

⊙ **可替換食材**
　魚露→蠔油、釀造
　醬油
　鯡魚→鯷魚、
　青花魚

作法

1　魚板用滾水燙過後以冷水沖洗，再切成方便食用的大小。（圖 1）

2　娃娃菜洗乾淨後切成方便食用的大小。（圖 1）

3　肉湯材料加湯醬油、魚露調味後煮開。

4　肉湯沸騰後，先把魚板加進去再滾一下。（圖 2）

5　接著加入白菜與蒜末，再度滾起來後加入切碎的珠蔥。

6　然後關火，加鹽巴和胡椒調味就完成了。（圖 3）

TIPS

✚ 沒有肉湯的話，用釀造醬油、調味醬油、市售湯醬油就能簡單調
　出美味湯頭。

料理技巧
醃漬

難易度 ★★★
料理時間 1小時以上
分量 可供2人吃10天

重現媽媽的味道

大白菜泡菜

食材

大白菜 1 顆（2 公斤）
蘿蔔 150 克
韭菜 1/4 根
珠蔥 5 根
紅蘿蔔 1/4 根

醃漬材料
糖漿 1 杯
鹽巴 1/2 杯
水 2 杯
粗鹽 1/3 杯

調味醬料
辣椒粉 1/2 杯
梅子汁 1/2 杯
魚露 1/3 杯
蝦醬 3 大匙
枸杞粉 1 大匙
蒜頭 1/2 杯
生薑 1/2 個
梨子 1/4 個
蘋果 1/2 個
洋蔥 1/2 個
乾辣椒（紅椒）20 個
糯米漿 1 杯
芝麻 1 大匙
砂糖 1 大匙

簡易食譜

⊖ **可省略食材**
　枸杞粉、蘋果、紅
　蘿蔔

⊙ **可替換食材**
　梅子汁→砂糖
　珠蔥→水芹、芥菜、
　大蔥
　乾辣椒→辣椒粉、
　紅辣椒

作法

1 用刀把白菜底部割開，再用手將白菜整顆扳開，然後再分切成適當的大小。（圖 1）

2 調好鹽水之後撒在每一片葉子之間，同時也把粗鹽撒上去。

3 靜置 4 ～ 5 小時醃漬，醃漬的過程中白菜要不時翻一下。

4 用手凹一下白菜，如果不會斷掉，就用水把白菜洗乾淨。

5 多洗幾次把鹽水洗乾淨，然後再放置至少 1 個小時陰乾。

6 接著把用水泡開的乾辣椒、洋蔥、梨子、蘋果、蒜頭、梅子汁、生薑、魚露、蝦醬、糯米漿用攪拌器打在一起，再加進辣椒粉、枸杞粉、砂糖、芝麻後攪拌成調味醬料。（圖 2、3）

7 蘿蔔切絲後用鹽巴和糖漿醃一下，然後再去除多餘的水份。

8 將醃過的蘿蔔、調味醬料、韭菜、紅蘿蔔、珠蔥跟陰乾的白菜拌在一起。（圖 4）

TIPS

➕ 用 1 大匙糯米粉跟 1 杯昆布水就能調出糯米漿。

➕ 如果沒把一開始用來醃白菜的鹽水洗乾淨就抹上調味醬料，泡菜會爛掉或是有異味。

保留白菜的美味與外形

大白菜煎餅

食材

娃娃菜 10 片
雞尾酒蝦 20 尾
雞蛋 1 個
煎餅粉 1 杯半
昆布水＊3 杯
薑黃粉 1/3 小匙
鹽巴 1/3 小匙
沙拉油適量

作法

1 白菜葉撕下來洗乾淨，用刀背輕輕拍打白菜莖。（圖 1）

2 把蝦子切碎。

3 將 1 杯煎餅粉、薑黃粉、雞蛋、碎蝦倒入容器中，接著加入昆布水後攪拌成麵糊。（圖 2、3）

4 將處理過的白菜和半杯煎餅粉裝入塑膠袋，晃動袋子讓白菜裹上煎餅粉。

5 沙拉油倒入熱好的平底鍋，將裹上麵糊的白菜正反兩面都煎至金黃色。（圖 4）

6 依照個人喜好搭配醬油。

TIPS

➕ 白菜也可以切開再煎，如果用煎蘿蔔的方法煎，可以做出好吃又具特色的料理。

＊ 請參考第 270 頁的 Tips。

簡易食譜

➖ **可省略食材**
雞尾酒蝦、薑黃粉

➡ **可替換食材**
雞尾酒蝦→蝦粉、
蛤蜊粉
煎餅粉→麵粉 +
鹽巴

料理技巧
拌

難易度 ★★
料理時間 20分鐘
分量 2～3人份

光聽就感覺美味的清脆聲響

生拌白菜絲

食材

白菜 1/4 顆、粗鹽 10 克、辣椒粉 1/3 杯

醬料 珠蔥 50 克、蒜末 1 大匙、生薑汁 1/3 小匙、紅辣椒 1 個、蝦醬 1 大匙、魚露 1 大匙、梅子之 2 大匙、芝麻 1 大匙、芝麻鹽 1 大匙、砂糖 1 大匙、麻油 1 小匙

作法

1 先將白菜切絲後加鹽巴和辣椒粉拌一拌。

2 把紅辣椒切碎,珠蔥切成適當的長度。

3 接著把醬料調好。

4 最後把白菜跟醬料拌在一起,要吃之前在淋上麻油。

TIPS

➕ 用醋能讓味道更有層次。

➕ 如果料理中要同時用到醋跟麻油,建議順序是先加醋最後再加麻油。

簡易食譜

➖ **可省略食材** 生薑汁
➡ **可替換食材** 鹽巴→湯醬油｜梅子汁→砂糖、果糖、糖漬水果汁

料理技巧
燉煮

難易度 ★★
料理時間 40分鐘
分量 2～3人份

用烤肉醬就能輕鬆完成

白菜火鍋

食材

白菜葉 8 片、烤肉用牛肉 400 克、魚板 150 克、香菇 3 個、秀珍菇 50 克、洋蔥 1/2 個、大蔥 1/2 根、水芹少許、茼蒿 3 株、蒜末 1 大匙、料理酒 2 大匙、湯醬油 2 大匙、鹽巴 1/2 小匙、胡椒少許、冬粉 50 克、昆布水＊5 杯

烤肉醬 釀造醬油 2 大匙、砂糖 1/2 小匙、梨子汁 2 大匙、清酒 1 小匙、蒜末 1 小匙、洋蔥汁 1 大匙

作法

1 先將已經把血水去乾淨的牛肉,跟烤肉醬材料拌在一起。

2 冬粉先泡水,魚板用滾水燙過、清水洗過後,再切成適當的大小。

3 白菜、秀珍菇、洋蔥、大蔥、水芹、茼蒿洗乾淨後把水甩乾,切成方便食用的大小。

4 把醃好的牛肉放在煮火鍋的鍋子正中間,然後繞著鍋子周圍將泡好的冬粉、白菜、魚板、香菇、洋蔥擺上去。

5 倒入昆布水煮開。

6 等材料煮熟後,就加湯醬油、鹽巴、胡椒調味,最後加進大蔥、水芹與茼蒿,等湯再一次煮開。

＊ 請參考第 270 頁的食譜訣竅。

簡易食譜

➖ **可省略食材** 魚板、水芹、茼蒿、冬粉
➡ **可替換食材** 昆布水→水

花椰菜

🔍 **如果想吃到完整的營養，就要連莖帶葉一起吃**

花椰菜是具有強力抗癌功效，且對腦部非常有益的綠色花型蔬菜。化椰菜的莖、葉、花營養價值都很高，但我們通常都會把最有營養的莖丟掉，只吃花的部分。更可惜的是，我們也很難在超市找到帶葉的花椰菜。所以如果可以的話，最好去買帶葉的花椰菜，然後連莖帶葉一起吃。這才是完整攝取超級食物花椰菜營養的不二法門。

✋ **挑選方式**

盡量挑選花蕾鼓起，花長得非常密集、色澤濃烈且帶有葉子的花椰菜。

🍵 **處理方式**

葉子一片片摘下，用刀把菜莖外圍較硬的皮削掉後切片。花則是一朵一朵切下來，泡在加了點醋的水裡洗乾淨再料理。燙過或蒸熟後再泡冷水的話，可能會導致營養流失，請多留意。

🧺 **保存方式**

用加了鹽的水燙或蒸熟後冷凍。

RECIPE 1	RECIPE 2	RECIPE 3	RECIPE 4	RECIPE 5
花椰菜粥	花椰菜濃湯	花椰菜拌大醬	花椰菜炒馬鈴薯	花椰菜蛋捲

 溫暖你的胃

花椰菜粥

食材

米 2/3 杯

糯米 1/3 杯

碎花椰菜 1 杯

碎甜椒 2 大匙

蝦子粉 1 大匙

麻油 1 大匙

水 3 杯

鹽巴 1/2 小匙

簡易食譜

⊖ **可省略食材**

　蝦子粉、甜椒、糯米

⊙ **可替換食材**

　生米→白飯

作法

1 米和糯米先洗乾淨，泡 1～2 小時。

2 花椰菜用加了鹽巴的滾水快速燙一下。（圖 1）

3 將燙好的花椰菜和甜椒切碎。（圖 2）

4 麻油倒入湯鍋中，把泡好的米倒進去，炒到米粒變透明。（圖 3）

5 接著加水和蝦子粉熬煮。（圖 4）

6 沸騰後轉為小火燉煮，繼續煮至米粒完全膨脹。

7 米粒完全膨脹後，加進碎花椰菜跟甜椒，再稍微滾一下就完成了。（圖 5）

TIPS

⊕ 如果先調味的話，米粒很快就會爛掉，所以建議吃的時候再用鹽巴或醬油自行調味。

⊕ 可以用白飯代替生米，比較方便。

難易度 ★★
料理時間 30分鐘
分量 1～2人份

最適合成長中的小孩

花椰菜濃湯

食材
花椰菜 1 顆
燙花椰菜的鹽巴 1 小匙
洋蔥 1 顆
無鹽奶油 20 克
麵粉 1 大匙
牛奶 1 杯（200 毫升）
鮮奶油 1/2 杯（100 毫升）
鹽巴 1/2 小匙
白胡椒 1/4 小匙

作法
1 先用加了鹽的滾水把花椰菜燙熟再切碎，洋蔥則切絲。

2 把奶油抹在鍋底，放入洋蔥炒一炒，然後再加麵粉一起炒。（圖 1）

3 炒過的洋蔥放涼，接著用攪拌機把洋蔥、鮮奶油、牛奶打在一起。

4 打好之後倒入湯鍋，開火煮一下再加進切碎的花椰菜。（圖 2）

5 最後稍微滾一下，然後加鹽巴、胡椒調味就完成了。（圖 3）

TIPS
➕ 可以用馬鈴薯代替麵粉，味道差不多。

簡易食譜
➖ **可省略食材**
鮮奶油

➡ **可替換食材**
麵粉→馬鈴薯
白胡椒→胡椒

料理技巧
拌

難易度 ★
料理時間 20分鐘
分量 2～3人份

用梅子汁增加味道的層次

花椰菜拌大醬

食材
花椰菜 1 顆
燙花椰菜用的鹽巴 1 小匙

大醬
大醬 1 小匙
梅子汁 3 大匙
麻油 1/3 小匙
蒜末 1/2 小匙
碎堅果 1 小匙

作法
1 將花椰菜一朵一朵切下，用加了鹽的滾水燙一下。（圖 1）
2 用準備好的醬料材料把大醬調好。（圖 2）
3 燙好的花椰菜水瀝乾之後，跟調好的大醬拌在一起。

TIPS
➕ 花椰菜燙好後冷凍保存，要用再拿出來就很方便。

簡易食譜
➖ **可省略食材**
　堅果

➡ **可替換食材**
　梅子汁→糖漬洋蔥汁、砂糖、果寡糖、蜂蜜
　堅果→芝麻

料理技巧
炒

難易度 ★
料理時間 30分鐘
分量 1～2人份

口感營養都升級

花椰菜炒馬鈴薯

食材
花椰菜 1/2 顆、燙花椰菜用的鹽巴 1/2 小匙、馬鈴薯 1 個、醃馬鈴薯用的鹽巴 1 小匙、蒜頭 5 顆、橄欖油 1 大匙、調味用的鹽巴 1/2 小匙左右、胡椒 1/4 小匙、芝麻鹽 1 小匙

作法
1 將花椰菜一朵一朵切下，用加了鹽巴的水燙過之後再把水瀝乾。

2 把馬鈴薯切成粗絲，用冷水沖洗後加鹽醃一下。

3 將蒜頭切片，橄欖油倒入平底鍋，放入蒜頭爆香。

4 切絲的馬鈴薯放入鍋中炒熟。

5 接著放入燙好的花椰菜，稍微炒一下，再加鹽巴和胡椒調味。

6 最後撒上芝麻鹽即完成。

TIPS
➕ 花椰菜也可以不用燙，直接生的下去炒。

簡易食譜
➖ **可替換食材** 橄欖油→沙拉油

料理技巧
拌

難易度 ★★
料理時間 30分鐘
分量 2人份

碎花椰菜增添美味

花椰菜蛋捲

食材
花椰菜 1/3 顆、燙花椰菜用的鹽巴 1/2 小匙、雞蛋 3 個、麻油 1/2 小匙、鹽巴 1/3 小匙、沙拉油 1/2 大匙

作法
1 花椰菜用加了鹽的滾水燙熟，然後再切碎。

2 雞蛋、麻油、鹽巴倒入碗中打成蛋汁。

3 把碎花椰菜倒入蛋汁中均勻攪拌。

4 沙拉油倒入熱好的平底鍋，然後倒入蛋汁。

5 蛋慢慢開始熟了的時候，就把整張蛋皮捲起來煎。

6 完全煎熟後放涼，切成方便食用的大小。

TIPS
➕ 做蛋類料理時加點料理酒或麻油，這樣能夠去除蛋的腥味。

簡易食譜
➖ **可省略食材** 麻油
➕ **可替換食材** 麻油→料理酒、清酒

珠蔥

🔍 可以醃成泡菜，也可以做成煎餅

常常會搞混的珠蔥和細蔥到底哪裡不同？珠蔥是球根，根看起來像小洋蔥一樣圓圓的，直徑 30 公分左右，胖胖短短呈現深綠色。根到葉又直又長的則是細蔥，呈現淡綠色。珠蔥汁液比較多，在蒜比較貴的季節會用來代替蒜，口味偏辣，味道濃郁且強烈，相較之下細蔥的汁液較少，吃起來清淡爽口。珠蔥會用來醃泡菜、做煎餅，細蔥則會用於涼拌、當作湯的配料、裝飾、調味等，但其實也是可以互相替代的食材。

👆 挑選方式

請挑選莖的部分筆直，沒有太多分岔，胖胖的且呈現深綠色的珠蔥。

🍲 處理方式

根和乾掉的葉子、爛掉的莖切掉之後洗乾淨使用。

🛒 保存方式

用紙包起來，裝進塑膠袋裡冷藏。如果要放很久，可以先處理一下，洗乾淨之後再依照用途切好，分裝冷凍保存。

RECIPE 1	RECIPE 2	RECIPE 3	RECIPE 4	RECIPE 5
涼拌珠蔥	海鮮煎餅	珠蔥泡菜	辣醬珠蔥	炒珠蔥

料理技巧
拌

難易度 ★
料理時間 **10分鐘**
分量 1～2人份

蟹肉風味
....

涼拌珠蔥

食材
珠蔥 70 克
燙珠蔥用的鹽巴 1/2 小匙
乾海苔 1/2 片
蟹肉 15 克

醬料
蒜末 1/2 小匙
鹽巴 1/3 小匙
麻油 1/2 小匙
芝麻鹽 1/2 小匙

作法
1 先將珠蔥洗乾淨後將蔥白切成一半，然後再切成適當的長度。切好後用加了鹽的滾水稍微燙一下，接著用冷水沖洗，最後再將水擠乾。（圖 1）
2 把乾海苔烤一下，然後裝進塑膠袋裡撕碎。（圖 1）
3 將蟹肉依照紋路撕開。（圖 1）
4 最後將燙好的珠蔥、海苔、蟹肉、醬料的材料都倒入容器裡，全部拌在一起。（圖 2）

TIPS
➕ 如果喜歡又甜又辣的口味，可以加醋和砂糖。

簡易食譜
➖ **可省略食材**
  蟹肉
➡ **可替換食材**
  珠蔥→細蔥

料理技巧
煎

難易度 ★★
料理時間 20分鐘
分量 2張

就算是晴天也想吃

海鮮煎餅

食材

珠蔥 150 克
煎餅粉 1 杯
水 1 杯（200 毫升）
雞蛋 1 個
沙拉油 8 大匙
紅辣椒 1 個

海鮮
烏賊 1 尾
雞尾酒蝦 1 杯
淡菜肉 1 杯
生牡蠣 1 杯

簡易食譜

⊖ 可省略食材
　　各種海鮮

作法

1 清除烏賊內臟，洗乾淨後切成適當的長度。

2 淡菜跟牡蠣洗乾淨，再用鹽水稍微洗一下，雞尾酒蝦也洗乾淨後再把水瀝乾。

3 煎餅粉和水倒入容器裡，攪拌至沒有任何結塊。

4 珠蔥洗乾淨、處理好，將紅辣椒斜切片。

5 蛋打在另外的碗裡，把蛋繫帶撈出來後再把蛋打散。

6 平底鍋燒熱後倒入 4 大匙沙拉油，接著將珠蔥平鋪在鍋裡。（圖 1）

7 將 1/4 的麵糊平均倒在珠蔥上，再把準備好的海鮮均勻鋪上去。（圖 2）

8 海鮮上頭再均勻鋪上一層珠蔥，撒上紅辣椒後再倒入蛋汁。（圖 3）

9 煎餅背面煎熟後，就可以小心翻面再把正面也煎熟。

TIPS

➕ 也可以把切成 3 ～ 4 公分的珠蔥和其他材料跟麵糊和在一起，再直接拿去煎。

➕ 如果混合煎餅粉和酥炸粉，做出來的煎餅會更酥脆。

➕ 可以拿冰箱裡剩的海鮮來用。

難易度 ★★★
料理時間 1小時以上
分量 2人吃5天

只要醃入味就超下飯

珠蔥泡菜

食材
珠蔥 200 克

醬料
紅辣椒 6 個
蒜頭 5 個
生薑汁 1 小匙
蘋果 1/4 個
洋蔥 1/3 個
魚露 20 毫升
糯米糊 30 毫升
蝦醬 1 小匙
辣椒粉 3 大匙
梅子汁 1 大匙
芝麻 1 大匙
砂糖 1/2 小匙

作法

1 先將珠蔥處理好，洗乾淨之後裝在容器裡，根部泡在魚露裡醃 30 ～ 60 分鐘。（圖 1）

2 用攪拌機把紅辣椒、蒜頭、生薑汁、蘋果、洋蔥、魚露、糯米漿、蝦醬打在一起。

3 將辣椒粉、梅子汁、芝麻、砂糖加入用攪拌機打好的醬料裡，均勻攪拌後泡菜醃醬就完成了。（圖 2）

4 把剛剛用魚露醃過的珠蔥放入泡菜醃醬中，輕輕拌在一起。（圖 3）

5 如果覺得味道不夠，建議用魚露調味，不要用鹽巴。

TIPS
➕ 糯米糊可用 1 杯水加 1 大匙糯米粉調成。
➕ 如果覺得糯米糊麻煩，可以拿剩的冷飯打成糊。

簡易食譜

➖ **可省略食材**
  蘋果

➡ **可替換食材**
  糯米糊→冷飯
  糖漬梅子汁→糖漬
  洋蔥汁、果糖、糖
  漿

料理技巧
燙

難易度 ★★
料理時間 40分鐘
分量 2～3人份

料理技巧
炒

難易度 ★
料理時間 10分鐘
分量 2人份

捲一捲一口吃下

辣醬珠蔥

超短時間迅速做好

炒珠蔥

食材

珠蔥 60 克、魷魚 1/2 條、紅甜椒 1/3 個、黃甜椒 1/3 個、粗鹽 1/2 小匙

食材

珠蔥 70 克、蟹肉 20 克、沙拉油 2 大匙、鹽巴 1/3 小匙、胡椒少許、芝麻鹽 1 小匙

作法

1 先將珠蔥用加了粗鹽的滾水燙 30 秒，然後用冷水沖洗，再把水擠乾。

2 用剛才燙珠蔥的水燙魷魚，然後再把魷魚切成 5 公分長。

3 把甜椒切成和魷魚一樣的長度跟大小。

4 最後用燙過的珠蔥，把魷魚跟甜椒捲起來。

作法

1 將蔥白的部分切成一半，然後再切成 5 公分長。

2 把蟹肉切成跟珠蔥一樣長，然後再撕成細絲。

3 沙拉油倒入平底鍋，放入珠蔥和蟹肉，撒上鹽巴和胡椒後開始炒。

4 最後炒好後灑點芝麻鹽就完成了。

TIPS

➕ 也可以用春天的山菜代替珠蔥。

➕ 可以另外做醋辣椒醬來配。

➕ 加點蟹肉或蛋皮，顏色會更鮮豔。

TIPS

➕ 可以當成拌麵的配料。

簡易食譜

➡ **可省略食材** 甜椒

➡ **可替換食材** 珠蔥→水芹、韭菜｜魷魚→蟹肉、蛋皮

簡易食譜

➡ **可替換食材** 鹽巴→蠔油、釀造醬油｜蟹肉→魚板、火腿、魷魚

菠菜

多吃菠菜能有像奧莉薇的好身材

雖然卜派吃了菠菜之後，就會變身大力水手擊退壞人，但其實身材纖瘦的奧莉薇吃的菠菜說不定比卜派更多喔。菠菜中含有鐵、鈣、葉酸、多種維生素與纖維，是低熱量的減肥食品。有一些菠菜是在溫室中栽種的，一年四季都有產量，但是冬天的野生菠菜味道與營養最為獨特。韓國每個地區都有不同的品種，包括浦項草（慶北浦項）、島草（全南新安）、南海草（慶南南海）等，都是在強烈的海風吹拂之下生長出來的菠菜品種，味道又甜，營養價值又高。

挑選方法

請挑選顏色濃郁，長度較短，紅色的根還沒有掉落的菠菜。

處理方法

用滾水加鹽巴快速汆燙後再用冷水沖洗。根也具有營養價值，所以不要切掉，可以一起煮。

保存方式

不要洗，直接用報紙包起來冷藏，或是燙熟、沖洗過之後冷凍保存。

RECIPE 1	RECIPE 2	RECIPE 3	RECIPE 4	RECIPE 5
菠菜蒜香義大利麵	紫蘇醬拌菠菜	菠菜焗烤蛋	菠菜青醬	生醃菠菜

🍴 獨具特色的義大利麵

菠菜蒜香義大利麵

食材

義大利麵條 100 克
粗鹽 1 大匙
蒜末 1 小匙
蒜頭 5 ~ 6 顆
菠菜 4 ~ 5 株
橄欖油 2 大匙
蠔油 1 小匙
鹽巴 1/4 小匙
胡椒少許
香芹粉適量

作法

1 先把菠菜處理過後洗乾淨,將過長的莖用手折斷。

2 再把蒜頭整顆切薄片。

3 接著在滾水中加入粗鹽與義大利麵條,燙 7 分鐘左右。

4 將橄欖油倒入平底鍋,再加入蒜片與蒜末用小火炒。
（圖 1）

5 待蒜頭熟了之後,加進菠菜與蠔油拌炒。（圖 2）

6 加入燙好的義大利麵拌炒,然後用胡椒跟鹽巴調味。
（圖 3）

7 裝盤後再淋上橄欖油,最後撒上香芹粉。

TIPS

➕ 燙的時間要比義大利麵條包裝上寫的時間少 1 ～ 2 分鐘。

➕ 同時使用蒜末與蒜片,味道跟風味會更好,視覺上也更美。

➕ 一邊煮義大利麵一邊炒蒜頭,這樣可以縮短料理時間。

簡易食譜

➖ **可省略食材**
香芹粉

➡ **可替換食材**
蠔油→鹽巴、釀造
醬油

料理技巧
拌

難易度 ★
料理時間 15分鐘
分量 2人份

在涼拌野菜與生菜沙拉之間的料理

紫蘇醬拌菠菜

食材
菠菜 1/2 把
粗鹽 1/2 小匙
柳丁 1/2 顆
碎堅果 少許

紫蘇醬
橄欖油 1/2 大匙
釀造醬油 2/3 大匙
紫蘇粉 3 大匙
醋 1 大匙
蜂蜜 1/2 大匙

作法

1 先將菠菜處理過,洗乾淨之後,用加了粗鹽的滾水汆燙約 30 秒,然後再用冷水快沖一下,再把水擠乾。(圖 1)

2 將燙過的菠菜切成 2～3 等份,柳丁也切成方便食用的大小。

3 將堅果用平底鍋乾炒。

4 混合橄欖油、釀造醬油、紫蘇粉、醋、蜂蜜,調成紫蘇醬。

5 最後將菠菜、柳丁、堅果裝盤,倒入紫蘇醬後拌一拌。(圖 2)

TIPS
➕ 菠菜燙過之後放在盤子中央,柳丁鋪在四周,就可以當作招待客人的料理了。

簡易食譜
➖ **可省略食材** 碎堅果
➡ **可替換食材** 柳丁→橘子、蘋果、梨子等當季水果

料理技巧
烤

難易度 ★
料理時間 25分鐘
分量 1～2人份

法式蒸蛋與菠菜的相遇

菠菜焗烤蛋

食材
雞蛋 2 顆
牛奶 1 杯（100 毫升）
菠菜 4 株
甜椒 1/3 個
燻雞胸肉 100 克
橄欖油 1 大匙
鹽巴 1/3 小匙
胡椒少許
香芹粉少許

作法
1 先將燻雞胸肉切成適當的大小。
2 把菠菜清洗後，用手將較長的莖折斷。
3 將甜椒切成跟雞胸肉一樣的大小。
4 橄欖油倒入平底鍋中，放入燻雞胸肉、甜椒、菠菜稍微拌炒一下，再加鹽巴和胡椒調味。（圖 1）
5 接著將這些炒過的食材裝入烤盤，倒入牛奶並把蛋打進去。
6 最後撒上香芹粉之後，放入用 200 度預熱好的烤箱中烤 15 分鐘。

TIPS
⊕ 溫度和時間需要依據烤箱型號調整。
⊕ 可用微波爐代替烤箱。

簡易食譜
⊖ **可省略食材**
香芹粉

⊙ **可替換食材**
甜椒→番茄、花椰菜

料理技巧 **研磨**　難易度 ★
料理時間 20分鐘
分量 1人份

 料理技巧 **拌**　難易度 ★★
料理時間 30分鐘
分量 1人份

豐富營養，別具風味

菠菜青醬

食材

燙過的菠菜 180 克、松子 50 克、蒜頭 150 克、帕馬森起司粉 30 克、橄欖油 90 克、鹽巴 1/4 小匙、胡椒 1/4 小匙、粗鹽 1 小匙

作法

1 將菠菜處理過、洗乾淨之後，用加了粗鹽的滾水燙 30 秒左右，接著用冷水快沖，再把水擠乾。

2 再將松子用平底鍋乾炒，注意不要燒焦。

3 燙過的菠菜和所有食材，一起用攪拌機打碎。

TIPS

⊕ 短期間會用完可冷藏保存，但如果會放一個月以上，建議冷凍保存。

⊕ 可運用做為義大利麵、三明治、吐司抹醬、牛排醬等。

簡易食譜

⊕ **可替換食材** 燙過的菠菜→生菠菜｜松子→核桃、杏仁、花生等堅果類

清淡的冬季珍饈

生醃菠菜

食材

菠菜 1/2 株、細蔥 2 根、洋蔥 1/3 顆、蘿蔔 100 克、麻油 1 小匙

醬料 辣椒粉 2 大匙、細辣椒粉 1 大匙、生薑汁 1/3 小匙、蒜末 1 小匙、梅子汁 2 大匙、魚露 1 大匙、芝麻鹽 1 小匙、砂糖 1/2 小匙

作法

1 先將菠菜處理過後洗乾淨，再把水甩乾。

2 把醬料調好。

3 把蘿蔔和洋蔥切絲，細蔥則切成 3～4 公分長。

4 將菠菜和蘿蔔絲、洋蔥、細蔥裝入容器裡，倒入醬料後輕輕地拌勻。

5 最後再用魚露或鹽巴調味，要吃之前再淋上麻油。

TIPS

⊕ 因為生醃菠菜是即拌即吃的一道料理，所以建議要吃之前再加醋和麻油，這樣味道會比較好。

簡易食譜

⊖ **可省略食材** 蘿蔔、洋蔥
⊕ **可替換食材** 蘿蔔→梨子、蘋果

綠豆芽菜

🔍 兼顧綠豆的營養與蔬菜的維生素

豆子冒出新芽就叫做豆芽，綠豆的芽應該要叫做綠豆芽，但在韓國卻經常被稱為叔舟菜，這和朝鮮時代的文人申叔舟有關。有一種說法是豆芽菜很容易壞掉，和辜負朝鮮端宗，變節投靠其他勢力的申叔舟很像，才取了這個名字，但也有人說當初建議進口、種植營養豐富的綠豆來吃的人就是申叔舟，所以才被稱為叔舟菜。無論真正的由來是什麼，唯一可以確定的是，綠豆芽是一種很容易壞掉但卻營養豐富的食物。豆芽菜不僅有著綠豆的營養，更兼具蔬菜的維生素，是相當健康的食品。

👆 挑選方式

請選擇莖粗大又新鮮，根呈現透明狀且沒有變色的豆芽。

🍲 處理方式

把根摘除，洗乾淨之後再料理。

🧺 保存方式

綠豆芽冷藏很快就會爛掉，所以要吃時再買，買回來後要直接用掉。

RECIPE 1	RECIPE 2	RECIPE 3	RECIPE 4	RECIPE 5
涼拌綠豆芽	豆芽炒牛肉	辣牛肉湯	餃子	紫蘇拌豆芽

料理技巧
拌

難易度 ★★
料理時間 20分鐘
分量 2～3人份

清淡的涼拌小菜

涼拌綠豆芽

食材
綠豆芽 300 克
燙綠豆芽用的鹽巴 1/2 小匙
紅蘿蔔 1/4 個
大蔥 1/2 根
蒜末 1/2 小匙
鹽巴 1/3 小匙
芝麻鹽 1 小匙
麻油 1/2 小匙

作法

1 用自來水把綠豆芽洗乾淨，並把紅蘿蔔跟大蔥切絲。

2 在滾水裡加點鹽巴，放入綠豆芽燙一下。（圖 1）

3 燙過的綠豆芽撈起將水瀝乾，再把所有食材加在一起拌勻。（圖 2）

TIPS

➕ 燙綠豆芽時，放進滾水裡一下下就要立刻起鍋，這樣才能保留鮮脆口感。

簡易食譜

➖ **可省略食材**
紅蘿蔔

➡ **可替換食材**
鹽巴→湯醬油

 鮮脆好口感

豆芽炒牛肉

食材

綠豆芽 300 克
烤肉用牛肉 100 克
芝麻葉 10 片
蒜末 1 小匙
沙拉油 1 大匙
芝麻鹽 1 小匙

牛肉調味醬

釀造醬油 1 大匙
梅子汁 1 大匙
洋蔥汁 1 小匙
蒜末 1/2 小匙
料理酒 1 小匙
麻油 1/2 小匙

作法

1 先將牛肉調味後煮熟。（圖 1）

2 用自來水把綠豆芽跟芝麻葉洗乾淨，然後把水甩乾，並把芝麻葉切絲。（圖 2）

3 將沙拉油倒入熱好的平底鍋，接著把蒜末倒進去炒一炒。

4 將綠豆芽倒入用來炒蒜末的平底鍋中，用大火快炒。（圖 3）

5 接著加入牛肉和芝麻葉稍微炒一下。（圖 4）

TIPS

➕ 綠豆芽用大火快炒才會脆。

簡易食譜

➖ **可省略食材**
　洋蔥汁

➕ **可替換食材**
　梅子汁→砂糖
　料理酒→清酒、燒酒
　芝麻葉→蔥、韭菜、水芹

冷風一吹就會想念的嗆辣湯品

辣牛肉湯

食材
牛肉（牛腩）300 克
煮熟的蕨菜 200 克
綠豆芽 300 克
大蔥 300 克
汆燙用的鹽巴各 1/2 小匙
牛肉湯 6 杯

醬料
辣椒粉 4 大匙
湯醬油 2 大匙
香菇粉 1 大匙
蒜末 1 大匙
鹽巴 1 小匙

簡易食譜
⊖ **可省略食材**
　　香菇粉、蕨菜
⊙ **可替換食材**
　　綠豆芽→黃豆芽

作法
1 先將牛肉血水去乾淨後水煮，煮熟後用手撕或是用刀切開，煮牛肉用的水不要倒掉，可以當湯頭。

2 把綠豆芽用加了鹽巴的滾水稍微燙一下。

3 大蔥切成適當的長度，用加了鹽巴的滾水燙一下。

4 蕨菜煮過之後，將較硬的部位切掉，然後再用水沖洗。

5 牛肉、綠豆芽、蕨菜、大蔥裝在一起，並倒入醬料的材料拌勻。（圖 1）

6 拌好後放入湯鍋，再把牛肉湯倒進去煮開。

7 如果覺得味道太淡，就再加鹽巴或是湯醬油調味。

TIPS
⊕ 煮肉時用冷水湯頭會比較濃郁，但用滾水煮肉的味道會比較好。
⊕ 肉用手撕的話要順著肉的紋理，用刀子切則要逆著肉的紋理。
⊕ 沿著肉的紋理把肉撕開會比較有嚼勁，逆著肉的紋理切則會比較軟嫩。
⊕ 豆芽菜和大蔥也可以不必先燙，直接加進去就好。

料理技巧
蒸

難易度 ★★★
料理時間 60分鐘
分量 3～4人份

做好放著隨時可以吃

餃子

食材

水餃皮 20 張、豬絞肉 200 克、豆芽菜 180 克、燙豆芽菜用的鹽巴 1 小匙、泡菜 1/4 顆、洋蔥 1/2 個、豆腐 1/2 塊、韭菜一把、蒜末 1 小匙、麻油 1 小匙、鹽巴 1/2 小匙
豬肉調味醬 釀造醬油 1/2 大匙、生薑汁 1/3 小匙、蒜末 1/2 小匙、料理酒 1/2 大匙、麻油 1 小匙、碎蔥 1 小匙、胡椒 1/4 小匙

作法

1 先將豬肉調味後用手搓揉。

2 綠豆芽用加了鹽巴的滾水燙過，接著用冷水沖洗，然後再把水瀝乾。

3 用刀背把豆腐壓碎，再包在棉布中把水擠乾。

4 把泡菜上多餘的醃料刮掉，並把泡菜湯汁倒掉。

5 將綠豆芽、洋蔥、泡菜、韭菜切碎。

6 把所有材料裝進盆子裡，翻攪拌成水餃餡。

7 在水餃皮裡放入分量適中的水餃餡，並沾點水抹在水餃皮邊緣，然後包起來。

8 最後把蒸籠放到火上，等冒出水蒸氣後把水餃放進去蒸 5 分鐘。

TIPS

➕ 水餃蒸好後放涼，分裝後冷凍保存，想吃時可隨時拿出來吃。

簡易食譜

➖ **可省略食材** 泡菜

➡ **可替換食材** 泡菜→白菜｜生薑汁→生薑粉｜料理酒→清酒、燒酒

料理技巧
拌

難易度 ★★
料理時間 20分鐘
分量 2～3人份

加了芝麻粉香味更濃郁

紫蘇拌豆芽

食材

綠豆芽 200 克、黃瓜 1/2 根、鹽巴 1/2 小匙、紫蘇油 1 小匙、紫蘇粉 2 大匙、蒜末 1/2 小匙、碎蔥 1 小匙

作法

1 先將綠豆芽稍微燙一下，然後用冷水沖洗，再把水瀝乾。

2 接著把黃瓜切絲。

3 最後把包括綠豆芽和黃瓜在內的食材全部加在一起攪拌均勻。

TIPS

➕ 可以把熟的雞胸肉撕成雞絲加進去拌。

簡易食譜

➖ **可省略食材** 黃瓜

➡ **可替換食材** 紫蘇油→麻油

黃豆芽

不遜於補品跟營養品

沒有什麼比黃豆芽更能解宿醉了。此外還具有預防感冒、恢復疲勞、解熱、解毒、消炎止痛、防止動脈硬化與高血壓、美肌、減肥等卓越的功效。在喝著黃豆芽湯的時候，可以想著自己是在喝補藥，吃黃豆芽煎餅時，則可以想成是在吃營養補品。雖然黃豆芽便宜又常見，容易被人忽視，但了解它的營養價值後，吃起來會有特別的感受喔。

挑選方式

請挑選莖不會太長，飽滿且殘根短，不會太過乾扁的黃豆芽。

處理方式

根據不同料理有不同處理方式，有些要去頭去尾，但為了營養，建議還是把黃豆筴還有已經枯掉的部分都剝掉再吃。

保存方式

整包冷藏容易爛掉，建議買回來之後盡快吃完。

RECIPE 1	RECIPE 2	RECIPE 3	RECIPE 4	RECIPE 5
筋道拌麵	豆芽鹹菜	黃豆芽湯	黃豆芽飯	豆芽冷湯

爽脆黃豆芽的最佳夥伴

筋道拌麵

食材
黃豆芽 200 克
筋麵 250 克
高麗菜 1 片
紅蘿蔔 1/2 根
黃瓜 1 條
各種蔬菜兩把
燙黃豆芽用的鹽巴 1 小匙

拌醬
辣椒醬 3 大匙
梅子汁 3 大匙
醋 1 大匙
糖漿 1 大匙
砂糖 1 小匙
細辣椒粉 1 小匙
蒜末 1 大匙
碎堅果 1 大匙
芝麻鹽 1 大匙

簡易食譜

⊖ **可省略食材**
　碎堅果

⊕ **可替換食材**
　梅子汁→砂糖
　糖漿→麥芽糖、
　果糖
　細辣椒粉→辣椒粉

作法

1 先將醬料調好。（圖 1）

2 黃豆芽處理好後，用加了鹽的滾水燙 7 ～ 8 分鐘，然後用冷水沖洗，接著再把水甩乾。（圖 2）

3 將蔬菜洗乾淨之後切絲。（圖 2）

4 筋麵以滾水煮 3 分鐘，然後用冷水沖洗，再把水甩乾。（圖 3）

5 最後將麵、黃豆芽、蔬菜裝進碗裡，再淋上醬料。

TIPS

➕ 要用於麵類料理中的黃豆芽，一燙熟就要立刻用冷水沖洗，這樣才能維持爽脆口感。

➕ 細辣椒粉也可以拿一般辣椒粉，用網眼較細的篩子篩過後再使用。

➕ 如果用砂糖代替梅子汁，砂糖的量要稍微少一點，醋則要多加一些。

只要一個湯鍋就能完成

豆芽鹹菜

食材

黃豆芽 300 克
洋蔥 1 個
紅蘿蔔 1/4 根
櫛瓜 1/3 條
青陽辣椒 3 個
鴻喜菇 1/2 包
芝麻鹽 1 大匙

醬料

蒜末 1 大匙
辣椒粉 1 大匙
沙拉油 2 大匙
水 3 大匙
鹽巴 1 小匙

作法

1 先將黃豆芽的皮剝掉,然後洗乾淨。(圖 1)

2 將洋蔥、紅蘿蔔、櫛瓜、鴻喜菇、青陽辣椒切絲,長度、粗細都要一致。

3 再將黃豆芽與切絲的蔬菜,全部裝入有蓋子的平底鍋或是湯鍋中。(圖 2)

4 把所有醬料的材料放在蔬菜上面,然後開大火煮。(圖 2)

5 開始冒蒸氣後再多煮 6 ～ 7 分鐘。

6 把蓋子打開,醬料跟蔬菜拌在一起,再撒上芝麻鹽。(圖 3)

TIPS

➕ 常常把蓋子打開檢查的話,豆芽會有臭味,要多注意。

簡易食譜

➖ **可省略食材**
　　鴻喜菇、青陽辣椒

➡ **可替換食材**
　　鴻喜菇→所有菇類
　　青陽辣椒→青辣椒
　　鹽巴→湯醬油

難易度 ★★
料理時間 30分鐘
分量 1～2人份

最佳的早晨開胃菜

黃豆芽湯

食材
黃豆芽 200 克
水 3 杯
蒜末 1/2 小匙
鹽巴 1 小匙
碎青陽辣椒 1/2 小匙
辣椒絲少許

作法
1 先把黃豆芽處理好，水洗後裝進鍋裡。(圖 1)
2 接著倒水，加入蒜末、鹽巴，煮 7 ～ 8 分鐘。(圖 2)
3 最後用鹽巴調味，再加入切碎的青陽辣椒和辣椒絲，就完成了。

TIPS
⊕ 要煮黃豆芽清湯時，黃豆芽和水最適當的比例是 1 比 3。

簡易食譜
⊖ **可省略食材** 青陽辣椒
⊙ **可替換食材** 辣椒絲→紅辣椒｜鹽巴→湯醬油

料理技巧
燉煮

難易度 ★★★
料理時間 40分鐘
分量 1人份

 料理技巧
水煮

難易度 ★★
料理時間 30分鐘
分量 1人份

加了老泡菜更滿足

黃豆芽飯

食材

米 1 杯、糯米 1/2 杯、水 1 杯半、燙熟的黃豆芽 1 杯半、切絲的老泡菜 2/3 杯、松阪豬 1/2 杯、紫蘇油＋沙拉油 1 大匙、清酒 1 小匙

調味醬油 湯醬油 1/2 小匙、釀造醬油 1 大匙、麻油 1/2 小匙、芝麻鹽 1 小匙、蔥花 1/2 大匙

作法

1 將米和糯米先洗好，浸泡 30 分鐘。

2 把老泡菜上多餘的醬料抹掉再切成絲。

3 松阪豬切成跟老泡菜一樣粗的肉絲。

4 麻油和沙拉油倒入湯鍋中，將豬肉和泡菜加進去炒。

5 豬肉熟了之後，就倒入泡過的米一起炒，接著再加水煮飯。

6 黃豆芽燙熟後，用冷水沖洗再把水甩乾。

7 等鍋子冒出蒸氣之後，再把燙熟的黃豆芽鋪在飯上。

8 接著繼續蒸 10 分鐘，就可以盛起來配調味醬油吃。

TIPS

➕ 黃豆要另外煮，這樣才能保留原本的口感。

簡易食譜

➖ **可省略食材** 松阪豬、糯米

➡ **可替換食材** 糯米→白米｜清酒→料理酒、燒酒｜紫蘇油→麻油

不同於黃豆芽湯的爽口

豆芽冷湯

食材

黃豆芽 300 克、水 4 杯、鹽巴 1 小匙、蒜末 1/2 小匙、湯醬油 1/2 小匙、料理酒 1 大匙、蔥花 1/2 大匙、芝麻 1 小匙

作法

1 將黃豆芽處理過後，用加了料理酒和鹽巴的滾水燙熟。

2 等黃豆芽變透明就馬上撈起來，用冷水沖洗後再把水甩乾。

3 在燙黃豆芽用的水裡，加入蒜末和湯醬油調味，然後將清湯撈起來放入冰箱冷藏。

4 最後把燙熟的黃豆芽和冷卻的湯裝入碗中，撒上芝麻和蔥花。

TIPS

➕ 冷湯用的黃豆芽，一開始煮時就要把蓋子打開。

簡易食譜

➖ **可省略食材** 料理酒

➡ **可替換食材** 料理酒→清酒、燒酒

香菇

深受饕客喜愛的食材

香菇有著獨特的香味和多變的口感，是很受饕客喜愛的食材。取得容易、價格便宜、營養豐富，就算說冰箱裡至少要有一種以上的香菇常備也不誇張。不同種類的香菇有不同的口味、氣味、營養與功效，無論是分開料理還是一起料理，都能豐富我們的餐桌。

挑選方式

請挑選尚未變色、沒有碎掉，蕈蓋不會太大的香菇。

處理方式

蕈柄切掉之後，小心地用水漂洗，注意別把香菇撕碎。也可以用溼棉布輕輕擦拭。

保存方式

香菇不耐潮，所以冷藏保存時不要把水擦乾，直接用廚房紙巾包起來，裝進塑膠袋裡面再冰。冷凍時要把香菇的蕈柄切掉，再切成自己想要的形狀與大小，然後用廚房紙巾與塑膠袋雙重包裝冷凍。

RECIPE 1	RECIPE 2	RECIPE 3	RECIPE 4	RECIPE 5
香菇飯	香菇火鍋	洋菇濃湯	香菇煎餅	炒香菇

料理技巧
燉煮

難易度 ★
料理時間 40分鐘
分量 1人份

香菇美味在嘴裡漫延

香菇飯

食材
糯米 1 杯
白米 1 杯
乾香菇 10 個

釀造醬油
湯醬油 1 大匙
釀造醬油 1 大匙
辣椒粉 1 小匙
麻油 1/2 小匙
蒜末 1 小匙
碎大蔥 1 大匙
芝麻鹽 1 小匙

作法
1 先將糯米和白米先洗乾淨,然後浸泡 30 分鐘。
2 把乾香菇洗乾淨,用水泡開之後切片。
3 將米倒入鍋子裡,用剛才泡香菇的水當成煮米水。(圖 1)
4 接著把香菇鋪在上面開始煮飯。(圖 2)
5 待水滾了之後把蓋子打開,用勺子攪拌一下。(圖 3)
6 轉為中火再煮個 10 分鐘,接著轉為小火燜 20 分鐘。
7 把釀造醬油調好,配香菇飯一起吃。(圖 4)

TIPS
➕ 煮飯時放一片昆布,飯粒會比較有光澤,吃起來也更美味。
➕ 用電子飯鍋煮更方便。

簡易食譜
➖ **可省略食材** 紅蘿蔔　　➡ **可替換食材** 鹽巴→湯醬油

盡享整鍋豐盛菜餚

香菇火鍋

食材
牛肉 250 克
乾香菇 5 個
杏鮑菇 2 個
秀珍菇 200 克
洋菇 2 個
金針菇 100 克
乾香菇水 3 杯
蒜末 1 大匙
鹽巴 1/2 小匙
湯醬油 1/2 小匙
洋蔥 1/2 個
紅蘿蔔 1/3 個
青陽辣椒 2 個
大蔥 1/2 個

牛肉調味
釀造醬油 1 大匙
梨子汁 2 大匙
清酒 1 大匙
蒜末 1 小匙
梅子汁 1 小匙
麻油 1/2 小匙

作法
1 每種香菇分別切成或撕成固定的長度與厚度。(圖 1)

2 將乾香菇用水泡開，然後再把香菇拿出來，泡過的水不要倒掉。

3 用準備好的材料替牛肉調味。(圖 2)

4 將洋蔥、紅蘿蔔、青陽辣椒、大蔥切成適當的大小。(圖 2)

5 將香菇按照種類沿著鍋緣擺放好，再把牛肉放在正中央，然後擺上其他的蔬菜。(圖 3)

6 倒入剛才用來泡乾香菇的水，接著加入湯醬油、鹽巴、蒜末燉煮。(圖 4)

TIPS
➕ 選用個人喜歡的香菇來用就可以了。

➕ 香菇煮太久味道會變差，所以只要牛肉煮熟就可以吃。

➕ 牛肉調味醬建議不要太鹹，味道要稍微淡一點。

簡易食譜
● **可省略食材** 梨子汁

➡ **可替換食材** 梅子汁→砂糖｜清酒→料理酒、燒酒

料理技巧
燉煮

難易度 ★★
料理時間 30分鐘
分量 2人份

微涼的早晨來碗熱湯
....

洋菇濃湯

食材

洋菇 5 個
洋蔥 1/2 個
奶油 1 大匙
麵粉 1 大匙
牛奶 1 杯半（300 毫升）
鮮奶油 1/2 杯（100 毫升）
鹽巴 1/3 小匙
胡椒 1/4 小匙

作法

1 洋菇和洋蔥剝皮之後切碎。（圖 1）

2 奶油放在湯鍋裡加熱，融化後放入洋菇和洋蔥炒一炒，接著再加麵粉一起炒。

3 倒入牛奶並用鹽巴調味，接著再稍微滾一下。（圖 2）

4 倒入鮮奶油，再多滾一下，最後加胡椒就完成了。（圖 3）

TIPS

➕ 剩的洋菇淋一點檸檬汁，可以防止褐變。

➕ 可以用馬鈴薯代替麵粉。

＊ 請參考第 308 頁。

簡易食譜

➖ **可省略食材** 鮮奶油　　➡ **可替換食材** 洋菇→杏鮑菇｜麵粉→馬鈴薯｜鮮奶油→牛奶、水、蔬菜湯＊

料理技巧
煎

難易度 ★★
料理時間 30分鐘
分量 2～3人份

料理技巧
炒

難易度 ★★
料理時間 30分鐘
分量 2人份

酥脆有勁

香菇煎餅

食材
秀珍菇 1 包（200 克）、洋蔥 1/2 個、青陽辣椒 1 個、紅蘿蔔 1/3 個、雞蛋 2 個、煎餅粉 1 杯、珠蔥 3 根、水 1/2 杯
醋醬油 釀造醬油 2 大匙、醋 1 小匙

作法
1 將秀珍菇撕成適當的大小。

2 洋蔥和紅蘿蔔切絲，青陽辣椒切碎，珠蔥切成適當的長度。

3 把蛋打散，接著跟煎餅粉和水一起攪拌成麵糊。

4 將準備好的材料加入麵糊中拌勻。

5 平底鍋熱好後倒油，接著再倒入適量的麵糊，煎至外皮酥脆。

6 裝盤後搭配醋醬油一起吃。

TIPS
⊕ 舀一匙麵糊向下倒入碗裡，麵糊可以一直往下流不會斷掉就是最適當的濃度。

⊕ 用哪一種香菇都沒關係，可選用自己喜歡的菇類。

⊕ 不加雞蛋的話，水就要增加為 1 杯。

簡易食譜
⊖ **可省略食材** 雞蛋、紅蘿蔔

⊕ **可替換食材** 煎餅粉→麵粉＋鹽巴＋（蒜頭）
　珠蔥→細蔥、韭菜

輕鬆做超營養

炒香菇

食材
秀珍菇 1 包（200 克）、紅蘿蔔 1/4 個、蒜末 1 小匙、碎蔥 1 大匙、鹽巴 1/2 小匙、麻油 1 小匙、芝麻鹽 1 小匙

作法
1 秀珍菇稍微汆燙一下，再用冷水沖洗，然後把水擠乾。

2 洗乾淨的秀珍菇撕成適當的大小，並把紅蘿蔔切絲。

3 將秀珍菇、蒜末、碎蔥、鹽巴拌在一起。

4 油倒入平底鍋，放入拌好的秀珍菇與紅蘿蔔去炒。

5 最後再加麻油和芝麻鹽一起炒。

TIPS
⊕ 可以把冰箱裡剩的菇類都拿出來做綜合炒菇。

簡易食譜
⊖ **可省略食材** 紅蘿蔔

⊕ **可替換食材** 紅蘿蔔→洋蔥

PART 2

瓜果根莖類

瓜果根莖類

常備食材
12×5
食譜

彩色甜椒	洋蔥	番茄	茄子
甜椒雜菜	洋蔥炒香腸	番茄汁	糖醋茄子
×	×	×	×
甜椒炒蝦	洋蔥燉黃花魚乾	番茄湯	茄子披薩
×	×	×	×
甜椒炒飯	炸洋蔥圈	番茄義大利麵	涼拌茄子
×	×	×	×
甜椒春捲	洋蔥薄煎餅	番茄炒蛋	洋蔥炒茄子
×	×	×	×
甜椒義大利麵	醃洋蔥	番茄沙拉	烤茄子

黃瓜	南瓜	櫛瓜	馬鈴薯
黃瓜沙拉	拔絲南瓜	櫛瓜煎餅	炒馬鈴薯
×	×	×	×
辣醃黃瓜	南瓜營養飯	櫛瓜蒸豆腐	馬鈴薯燉白帶魚
×	×	×	×
黃瓜冷湯	日式南瓜雞肉燴飯	涼拌櫛瓜	馬鈴薯煎餅
×	×	×	×
黃瓜拌大蒜	南瓜粥	櫛瓜大醬湯	起司烤馬鈴薯
×	×	×	×
醋拌黃瓜	烤蔬菜	櫛瓜牛肉湯	馬鈴薯沙拉

紅蘿蔔	蘿蔔	檸檬	黑豆
醃紅蘿蔔	牛肉蘿蔔湯	糖漬檸檬	豆漿冷麵
×	×	×	×
紅蘿蔔炒飯	涼拌蘿蔔絲	草莓果醬	豆渣鍋
×	×	×	×
炸紅蘿蔔片	青花魚燉蘿蔔	檸檬生薑茶	醬豆
×	×	×	×
紅蘿蔔果汁	蘿蔔泡菜	烤青花魚	黑豆飯
×	×	×	×
炒紅蘿蔔絲	涼拌蘿蔔	燒酒調酒	醋豆

彩色
甜椒

每種顏色都要均衡地吃

紅甜椒：防止老化、預防骨質疏鬆症、預防貧血、促進生長、強化免疫力

橘甜椒：皮膚保養、恢復疲勞、控制膽固醇、眼睛健康

黃甜椒：促進血液循環、預防並緩和血管疾病、消除壓力、眼睛健康

綠甜椒：分解體脂肪、預防便祕、促進消化、預防貧血

當然均衡吃每一種顏色，才是能兼顧美味、視覺與營養的最佳解答。

挑選方式

要選擇顏色鮮豔、蔬菜表面沒有傷口，帝沒有乾掉的甜椒。越新鮮的甜椒越輕，也會有水果的香味。

處理方式

把籽和中間的芯挖掉，白色的部分一定要仔細挖除，這樣才不會苦。

保存方式

甜椒碰到水很容易軟掉，所以要在乾燥狀態下包起來或裝進塑膠袋裡冷藏。

RECIPE 1	RECIPE 2	RECIPE 3	RECIPE 4	RECIPE 5
甜椒雜菜	甜椒炒蝦	甜椒炒飯	甜椒春捲	甜椒義大利麵

🍲 沒有肉也很美味

甜椒雜菜

食材

冬粉 200 克
釀造醬油 2 大匙
麻油 1/2 大匙
各色甜椒 2 個
香菇 8 個
鹽巴 1/2 小匙
沙拉油 1 大匙
韭菜 100 克
燙韭菜的鹽巴 1 小匙
炒菜用鹽巴 1/2 小匙

蛤蜊湯

砂糖 1 大匙
芝麻鹽 1 大匙
蒜末 1 小匙
麻油各 1/2 大匙

簡易食譜

➖ **可省略食材**
　　韭菜

➔ **可替換食材**
　　香菇→蘑菇
　　韭菜→蔥、洋蔥

作法

1 先將甜椒和香菇切絲。(圖 1)

2 韭菜用加了鹽的滾水燙過後立刻沖冷水，接著把水瀝乾，然後加麻油和鹽巴拌一拌。

3 將沙拉油倒入平底鍋，甜椒和香菇分別加鹽炒過。(圖 2)

4 冬粉用滾水煮熟，泡一下冷水後再把水瀝乾。(圖 3)

5 用炒過蔬菜的平底鍋稍微炒一下冬粉，再加醬油、麻油去繼續翻炒。(圖 4)

6 最後把香菇、甜椒、韭菜、芝麻鹽、砂糖、蒜末、麻油加進冬粉裡拌一拌。(圖 5)

TIPS

➕ 甜椒內面朝上會比較好切。

➕ 如果只在炒冬粉時用醬油，其他食材都用鹽巴調味的話，就能夠做出色彩鮮豔的雜菜。

➕ 如果冬粉不想汆燙，也可以泡在冷水裡至少一個小時，泡開後再拿來用也很方便。

大人小孩的胃都能緊緊抓住

甜椒炒蝦

食材

甜椒 1 個
洋蔥 1 個
芹菜 1/2 根
蝦仁 20 個
蒜末 1 小匙
料理酒 1 小匙
蠔油 1 小匙
辣椒醬 1 小匙
橄欖油 1 大匙
胡椒 1/4 小匙

簡易食譜

➖ **可省略食材**
　片菜

➡️ **可替換食材**
　蝦仁→雞尾酒蝦｜
　辣椒醬→番茄醬 +
　辣椒醬｜蠔油→釀
　造醬油

作法

1 先將甜椒和洋蔥切成一口大小。（圖 1）

2 將芹菜外圍較硬的皮削掉，剩下的芹菜斜切。

3 蝦仁用滾水燙過後再用冷水沖一沖。

4 將橄欖油倒入平底鍋，加入蒜末和洋蔥炒香。（圖 2）

5 加入甜椒和芹菜一起翻炒。（圖 3）

6 再加入蝦子跟料理酒輕輕翻炒。（圖 4）

7 用蠔油和辣椒醬調味，最後再撒上胡椒。（圖 5）

TIPS

✚ 這是一道用蠔油和辣椒醬調味，以符合小朋友口味的料理，但也可以當成下酒菜、招待客人的配菜。

✚ 蝦子不分種類，只要選擇自己喜歡的就可以了。

 光看就令人垂涎三尺

甜椒炒飯

食材
白飯 1 碗
甜椒 2 個
醃牛肉 1/2 杯
莫札瑞拉起司 1/2 杯
沙拉油 1 大匙
烤肉醬 *

簡易食譜

➡ **可替換食材**
醃牛肉→培根、火
腿、香腸

作法

1 做好烤肉醬後,把牛肉泡進去醃一小時左右,然後炒到醬
汁完全收乾,再把牛肉切碎。(圖 1)

2 將沙拉油倒入預熱好的平底鍋,把飯炒至粒粒分明。
(圖 2)

3 加入切碎的牛肉一起炒。(圖 3)

4 將甜椒的底部和蒂切除,並把籽挖乾淨。(圖 4)

5 用甜椒來盛裝炒飯,然後在飯上灑滿起司。(圖 5)

6 用以 260 度預熱好的烤箱,烤約 10 分鐘。(圖 6)

TIPS

➕ 因為已經用烤肉醬醃了牛肉,又灑了大量的起司,所以不需要另
外調味。

➕ 切下來的甜椒蒂可以一起烤,然後當裝飾使用。

＊ 參考第 199 頁。

料理技巧 炒

難易度 ★★★
料理時間 30分鐘
分量 2～3人份

優雅又乾淨地捲來吃

甜椒春捲

食材

各色甜椒各 1 個、香菇 5 ～ 6 個、紅蘿蔔 1/2
根、黃瓜 2 根、牛蒡 1 根、鹽巴各 1/3 小匙、
麻油 1 小匙、蒜末 1 小匙、沙拉油 2 大匙

春捲皮麵糊 麵粉 1 杯、水 1 杯半、鹽巴 1/3
小匙

作法

1 先把麵糊的材料混在一起，攪拌至完
全沒有結塊。

2 將香菇、紅蘿蔔、甜椒、牛蒡切絲，
用鹽巴醃過後分別用油炒過。

3 黃瓜削皮後切絲，用鹽巴醃一下再用
油炒。

4 將沙拉油倒入預熱好的平底鍋中，用
廚房紙巾把油均勻抹到整個鍋底，轉
為小火後倒入一匙麵糊煎成春捲皮。

5 蔬菜繞著容器的邊緣擺盤放好，擺放
時可稍微搭一下配色，然後再把煎好
的春捲皮放在正中央。

6 準備自己喜歡的芥末醬或醬油等醬料
做搭配。

TIPS

➕ 春捲皮麵糊舀起來時，麵糊會一直向下流
不會從中斷掉，就是最適當的濃度。

➕ 煎春捲皮時用筷子輔助翻面會更輕鬆。

簡易食譜

➖ **可省略食材** 牛蒡

➡ **可替換食材** 麵粉→太白粉、蕎麥粉、
橡實粉

 料理技巧 炒

難易度 ★
料理時間 30分鐘
分量 2～3人份

用甜椒醬享受與眾不同的美味

甜椒義大利麵

食材

義大利麵條 200 克、煮麵的鹽巴 1 大匙、各
色甜椒 3 個、洋蔥 1 個、橄欖油 2 大匙、鹽巴
1/2 小匙、胡椒 1/4 小匙、香芹粉 1 小匙

作法

1 甜椒用火稍微烤一下，把皮剝掉之後
切半，再把籽挖掉。

2 甜椒和洋蔥切成一樣粗的長條狀。

3 在滾水中加鹽巴用來煮義大利麵，大
約煮 8 ～ 9 分鐘左右。

4 將橄欖油倒入平底鍋中並把洋蔥炒
一炒。

5 等洋蔥炒到變透明，就加入甜椒並加
鹽巴、胡椒調味後適當翻炒。

6 用攪拌機把炒好的蔬菜和少量煮好的
麵打在一起。

7 把醬料淋在煮熟的麵上，拌勻之後裝
盤並撒上香芹粉。

TIPS

➕ 甜椒烤過之後味道會更有層次。

簡易食譜

➖ **可省略食材** 香芹粉

洋蔥

連皮都很重要

廚房裡的洋蔥，就相當於傳統藥材中的甘草。幾乎所有的料理都會用到洋蔥，是用來增加甜味、去除腥味，更可以讓食物更美味，甚至是降低酸味的食材。再加上豐富的營養，用洋蔥泡的蔬菜汁更是能預防成人病的健康食品。最近研究顯示，洋蔥皮中所含的抗氧化物質，是洋蔥本身的 60 倍之多，所以洋蔥變成了連皮都超級有用的蔬菜。洋蔥皮可以用來煮茶或是煮湯，也可以在醃洋蔥的時候一起放進去醃。

挑選方式

要選擇洋蔥皮顏色較深，將洋蔥完整包覆、散發光澤，整顆拿起來堅實且沉重的洋蔥。散發出刺鼻辣味的，表示已經放很久了，建議不要買。

保存方式

裝在網子或紙袋裡面，放在陰涼通風處，尤其要特別注意不能碰到水。如果有出水的洋蔥，那就一定要快點拿出來。而剝皮的洋蔥則要把水分完全去除再用保鮮膜包起來，或是裝進塑膠袋裡密封冷藏。

RECIPE 1	RECIPE 2	RECIPE 3	RECIPE 4	RECIPE 5
洋蔥炒香腸	洋蔥燉黃花魚乾	炸洋蔥圈	洋蔥薄煎餅	醃洋蔥

難易度 ★★
料理時間 20分鐘
分量 1〜2人份

 簡單的下酒菜

洋蔥炒香腸

食材
洋蔥 1 個
雞胸肉香腸 200 克
燙過的花椰菜 1/2 杯

醬料
辣椒醬 4 大匙
梅子汁 1 大匙
橄欖油 1 大匙
辣椒 1/2 小匙
生薑汁 1/3 小匙
鹽巴 1/2 小匙
胡椒 1/4 小匙

作法

1 將雞胸肉香腸和洋蔥切成一口大小,花椰菜燙過之後將多餘的水分擠乾,然後切成小片。(圖 1)

2 把醬料的材料加在一起攪拌。(圖 2)

3 橄欖油倒入平底鍋,先把洋蔥炒一炒,然後再放入香腸一起炒。(圖 3)

4 接著加入醬料一起炒,然後再放入燙過的花椰菜,輕輕翻炒後就完成了。(圖 4)

TIPS
➕ 可以加點青陽辣椒,吃起來有點辣更美味。
➕ 因為洋蔥會帶甜味,所以醬料不要做得太甜。

簡易食譜

➖ **可省略食材**
　　花椰菜、生薑汁

➡ **可替換食材**
　　梅子汁→砂糖
　　辣椒醬→番茄醬 +
　　辣椒醬
　　辣椒→辣椒粉
　　生薑汁→生薑粉
　　雞胸肉香腸→香腸

香辣滋味最下飯

洋蔥燉黃花魚乾

食材

黃花魚 3 條
洋蔥 2 個
蔬菜湯＊ 2 杯半

醬料
釀造醬油 2 大匙
大醬 1/2 小匙
辣椒醬 1 小匙
辣椒粉 1/2 小匙
料理酒 1 小匙
生薑汁 1/2 小匙
蒜末 1 小匙
碎蔥 1 大匙

作法

1 先將黃花魚的鱗刮掉、鰭切掉後洗乾淨。（圖 1）

2 在洋蔥上切一個深深的十字。（圖 2）

3 用準備好的材料把醬料調好。（圖 3）

4 將洋蔥和黃花魚裝進湯鍋裡再淋上醬料。（圖 4）

5 倒入蔬菜湯之後用大火熬煮，待湯開始沸騰，再轉為中火燉煮，直到醬汁變黏稠為止。（圖 5）

TIPS

➕ 洋蔥切十字後整顆放下去煮，這樣才不會散掉，吃起來比較方便。

＊ 參考第 308 頁

簡易食譜

➡ **可替換食材**
料理酒→清酒、燒酒
蔬菜湯→水
生薑汁→生薑粉

料理技巧
炸

難易度 ★★
料理時間 20分鐘
分量 1人份

連酥脆的聲音都美味

炸洋蔥圈

食材

洋蔥 1 個
麵衣用酥炸粉 2 大匙
雞蛋 2 顆
酥炸粉 1 大匙
麵包粉 1/2 杯
沙拉油適量

簡易食譜

⊃ 可替換食材
　雞蛋→水
　酥炸粉→麵粉＋澱
　粉＋鹽巴

作法

1 保留洋蔥原本的圈狀，切成約 1 公分厚，然後一片一片剝開。（圖 1）

2 將 1 大匙酥炸粉和洋蔥裝進塑膠袋中，用力搖晃讓洋蔥裹上酥炸粉。

3 雞蛋打進碗裡打散，加 2 大匙酥炸粉，攪拌至沒有結塊。（圖 2）

4 將已經裹上酥炸粉的洋蔥，再依序裹上蛋液和麵包粉，然後炸到金黃酥脆。（圖 3）

TIPS

⊕ 把拌好的蛋汁倒進油裡，馬上浮起來的話就表示油已經到達適合的溫度。

⊕ 麵包粉裡加一點香芹粉，會讓炸出來的東西更好吃。

料理技巧
煎

難易度 ★★★
料理時間 30分鐘
分量 1～2人份

 料理技巧
發酵

難易度 ★★
料理時間 30分鐘（發酵時間2天）
分量 1公升玻璃瓶

增添洋蔥的風味

洋蔥薄煎餅

食材

洋蔥 3 個、雞蛋 1 個、煎餅粉 1 杯、鹽巴 1/3 小匙、無鹽奶油少許

作法

1 把洋蔥的皮剝掉，用刨絲板刨成絲。

2 將雞蛋、鹽巴、煎餅粉跟洋蔥絲一起拌成麵糊。

3 奶油抹在預熱好的平底鍋上，倒一匙麵糊上去煎。

TIPS

➕ 如果在煎餅裡面加洋蔥，就可以不必另外加糖漿，靠洋蔥原本的甜味就能讓煎餅更好吃。

➕ 用湯匙把麵糊舀起來之後，如果麵糊會一直往下流不斷掉，就是最適當的濃度，也可以再加一點牛奶或水。

簡易食譜

➡ **可替換食材** 雞蛋→水、牛奶｜無鹽奶油→沙拉油｜煎餅粉→麵粉 + 烘焙粉

酸甜滋味在口中蔓延

醃洋蔥

食材

洋蔥 3 個、黃瓜 1 個、青辣椒或青陽辣椒 2 個
甜醋液 水 2 杯、醋 1 杯、梅子汁 1/2 杯、砂糖 1 大匙、鹽巴 1/2 大匙、醃漬用香料 1/2 小匙

作法

1 把洋蔥剝皮後切成一口大小。

2 將辣椒切成 2～3 公分長，黃瓜切成方便食用的大小。

3 將除了醋以外的甜醋液材料倒入湯鍋中熬煮。

4 把醋加進去，等甜醋液再次沸騰之後就馬上把火關掉。

5 將洋蔥、黃瓜、辣椒等裝進用熱水消毒過的容器中，然後倒入甜醋液。

6 在室溫下放 2 天發酵，然後冰在冰箱裡，想吃時再拿出來吃。

TIPS

➕ 趁著甜醋液還熱的時候倒進容器裡，口感較脆的食材才能夠維持原本的口感。

簡易食譜

➖ **可省略食材** 黃瓜、辣椒

➡ **可替換食材** 醃漬用香料→胡椒粒、月桂葉
　　　　　　　　 梅子汁→砂糖

番茄

煮得越熟越營養

雖然番茄究竟是蔬菜還是水果這件事，引起很大的爭論，但現在番茄確實是無可替代的超級食物。即使沒聽過「番茄紅了，醫生的臉就綠了」這句西方俗諺，但也該知道番茄是具強大抗氧化作用「番茄紅素」的集合體，可說是健康食品的代名詞。尤其是煮得越熟，其中的營養就越容易被吸收，所以一定要經過料理才能發揮番茄最大的優點。醃泡菜的時候會放、煮大醬湯的時候也會放，甚至連煮飯時都能試著放番茄進去。隨心所欲地到處加一點，就能做出低鹽又營養的美味餐點。

挑選方式

表面光滑、堅實，蒂還很新鮮，底部放射形狀很清晰的，就是又甜又好吃的番茄。

處理方式

用滾水稍微燙一下，然後再用冷水洗一洗，把皮剝掉之後再料理。

保存方式

還沒全熟的番茄可以常溫保存，已經熟了的番茄請冷藏。燙過之後剝了皮的番茄，請冷凍。

RECIPE 1	RECIPE 2	RECIPE 3	RECIPE 4	RECIPE 5
番茄汁	番茄湯	番茄義大利麵	番茄炒蛋	番茄沙拉

料理技巧
研磨

難易度 ★
料理時間 10分鐘
分量 1人份

清涼消暑的健康飲品

番茄汁

食材
熟成番茄 1 顆
五味子糖漿 3 大匙
冰塊 1/3 杯

作法

1 用刀子在番茄的頂部畫一個十字,用滾水燙過之後將皮剝掉。

2 將所有食材用榨汁機打成汁後倒入杯中。(圖 1、2)

TIPS

➕ 番茄皮也有營養,故也可以整顆番茄直接打。

簡易食譜

➖ **可省略食材**
　冰塊

➡ **可替換食材**
　五味子糖漿→水果
　糖漿、蜂蜜、鹽巴

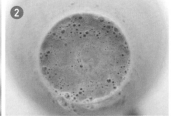

 搭配麵包更美味

番茄湯

食材
完熟番茄 2 顆
洋蔥 1/2 個
洋菇 2 個
高麗菜 1/2 片
甜椒 1/2 個
燙過的花椰菜 1/2 杯
蒜末 1/2 大匙
橄欖油 1 大匙
純番茄汁 2 大匙
鹽巴 1/2 小匙
胡椒 1/4 小匙

作法
1　先將蔬菜分別切成適當的大小。（圖 1）

2　將橄欖油倒入湯鍋中，再加入蒜泥和切好的番茄，把番茄煮爛。（圖 2）

3　番茄完全煮爛後 再加入純番茄汁與其他蔬菜燉煮。（圖 3）

4　接著以鹽巴和胡椒調味，接著轉中火燉煮成黏稠狀的番茄湯。

TIPS
⊕ 使用整顆番茄味道較清爽，如果是用番茄罐頭，味道會較濃郁。
⊕ 加點香草更香。

簡易食譜
⊖ **可省略食材**
　燙過的花椰菜

⊕ **可替換食材**
　純番茄汁→市售番
　茄醬
　甜椒→青椒

料理技巧
燉煮

難易度 ★★
料理時間 30分鐘
分量 1人份

只有用番茄才能做出美味

番茄義大利麵

食材

完熟番茄 2 個
墨魚義大利麵 100 克
煮麵用的鹽巴 1 小匙
純番茄汁 3 大匙
蒜末 1 大匙
橄欖油 2 大匙
鹽巴 1/2 小匙
香芹粉 1/4 小匙

作法

1 先在番茄的頂部用刀劃一個十字，用滾水稍微燙一下後將皮剝掉，再切成方便食用的大小。

2 將橄欖油倒入平底鍋，加入蒜末和番茄炒一炒。（圖 1）

3 番茄炒熟後加入純番茄汁和鹽巴放著煮。（圖 2）

4 在沸水中加鹽巴，並放入墨魚義大利麵煮 7 ～ 8 分鐘。

5 義大利麵煮好後，和番茄醬一起拌炒 1 ～ 2 分鐘後關火。（圖 3）

6 最後將炒好的番茄義大利麵裝盤，撒上香芹粉。

TIPS
➕ 可根據個人口味加肉或是海鮮。

簡易食譜

➖ 可省略食材
香芹粉

➡ 可替換食材
墨魚義大利麵→一般義大利麵
純番茄汁→市售番茄汁、番茄醬

料理技巧
炒

難易度 ★
料理時間 30分鐘
分量 2人份

忙碌的早晨也能有營養滿分的一餐

番茄炒蛋

食材

番茄 2 個、雞蛋 3 個、蒜頭 4 瓣、橄欖油 1 大匙、香芹粉 1 小匙、鹽巴 1/3 小匙、奶油 1 小匙、胡椒 1/4 大匙

作法

1 在番茄頂部用刀劃個十字，用滾水燙一下之後剝皮，再切成方便食用的大小。

2 雞蛋加鹽巴後打成蛋汁。

3 將蒜頭切絲或是切成薄片。

4 橄欖油倒入平底鍋，放入蒜頭爆香，接著再加番茄進去炒。

5 將奶油抹在另一個平底鍋底，倒入蛋汁做成炒蛋。

6 將炒蛋倒入裝有番茄的平底鍋，然後用鹽巴和胡椒調味。

7 做好的番茄炒蛋裝盤，撒上香芹粉就完成了。

TIPS

◯ 水煮番茄這個步驟可以省略。

◯ 番茄先煮熟冰冰箱，需要的時候就能直接拿出來用。

◯ 用同一個平底鍋，把番茄推到平底鍋的一邊，另一邊用來炒蛋這樣比較方便。

簡易食譜

◯ **可省略食材** 奶油、香芹粉

◯ **可替換食材** 橄欖油、奶油→沙拉油｜蒜頭→蒜末

料理技巧
拌

難易度 ★
料理時間 30分鐘
分量 1～2人份

清淡爽口

番茄沙拉

食材

番茄 1 ～ 2 個、奇異果 2 個、芽苗菜一把

沙拉醬 醋 2 大匙、碎洋蔥 1 大匙、碎醃黃瓜 1/2 小匙、梅子汁 1/2 小匙、檸檬汁 1/3 小匙、橄欖油 2 大匙、鹽巴 1/3 小匙、蜂蜜 1/2 小匙

作法

1 先將沙拉醬做好後冷藏。

2 用刀在番茄上畫個十字，燙過後泡冷水然後再剝皮。

3 燙過的番茄切成一口大小。

4 將奇異果剝皮，然後也切成方便食用的大小。

5 芽苗菜洗乾淨，把水完全瀝乾。

6 最後將番茄、奇異果、芽苗菜裝盤，淋上沙拉醬。

TIPS

◯ 除了番茄、奇異果外，也可以用冰箱裡的當季蔬果。

◯ 番茄也可以不燙，直接用生番茄。

簡易食譜

◯ **可省略食材** 奇異果、檸檬汁、碎醃黃瓜

◯ **可替換食材** 蜂蜜、梅子汁→砂糖｜番茄→小番茄

茄子

🔍 花青素的寶庫

很少有像茄子這種好惡兩極的食材，通常大人比小孩更喜歡茄子，以性別來說則是喜歡茄子的女性多於男性。有很多人說不喜歡茄子那種軟爛的口感，連嘗試都不願意，但是茄子含有超強抗氧化功效的花青素與多酚等營養，所以如果是為了茄子的口感而放棄它，那真是太可惜了。建議可以試著在半乾燥的情況下或是烤過之後再拿來料理，或是將茄子切成薄片，用烤或炸等料理方式處理，這樣肯定不會有人再說出討厭茄子這種話啦。

👆 挑選方式

請挑選顏色為深紫色，外皮平滑有光澤，拿起來有點重的。

🛒 保存方式

如果在冰箱冰太久反而容易壞掉而且會變難吃，所以買回來之後要放在常溫下，且盡可能在幾天內就吃掉。想放久一點的話，建議切開後晾乾再冷凍保存。

RECIPE 1	RECIPE 2	RECIPE 3	RECIPE 4	RECIPE 5
糖醋茄子	茄子披薩	涼拌茄子	洋蔥炒茄子	烤茄子

每個人都讚不絕口

糖醋茄子

食材

茄子 1 條
鴻喜菇 1/2 杯
洋菇 2 個
甜椒 1/2 個
青陽辣椒 2 個
鹽巴 1/2 小匙
糯米粉 2 大匙
太白粉 1 大匙
水 1～2 大匙
沙拉油適量

醬汁

勾芡水 2 大匙（水 2：
太白粉 1）
蔬菜湯＊2/3 杯
五味子汁 2 大匙
釀造醬油 1 大匙
醋 1 大匙
糖漿 1 大匙

簡易食譜

⊖ **可省略食材**
鴻喜菇、甜椒、青
陽辣椒

⊙ **可替換食材**
蔬菜湯→水
五味子汁→梅子
汁、糖漬水果汁、
砂糖｜糯米粉、太
白粉→酥炸粉｜洋
菇→杏鮑菇｜鴻喜
菇→秀珍菇

作法

1 將茄子先切一半，再切成適當的大小，灑點鹽巴醃一下。
（圖 1）

2 甜椒、青陽辣椒、香菇等分別洗乾淨處理好，再切成適當
的大小。（圖 2）

3 糯米粉、太白粉加水混合，攪拌成黏稠狀的麵衣後，再放
入茄子裹上麵衣。（圖 3）

4 甜椒和青陽辣椒用平底鍋稍微炒一下，然後分裝在不同
容器。

5 醬汁材料與香菇一起倒入平底鍋，用小火稍微燉煮一下，
接著一點一點將勾芡水加入，直到醬汁變濃稠。（圖 4）

6 沙拉油倒入平底鍋，等鍋子熱得差不多之後，再將茄子煎
至外皮酥脆。（圖 5）

7 將煎好的茄子裝盤並淋上醬汁，再把剛才炒好的甜椒跟青
陽辣椒放上去。

TIPS

⊙ 茄子的麵衣要比其他的麵衣更濃稠一些。
⊙ 比起加在醬汁裡面，蔬菜還是先炒起來，等淋完醬汁後再放上去，
這樣口感比較好，顏色也比較漂亮。
＊ 請參考第 308 頁。

不需要餅皮的披薩

茄子披薩

食材

茄子 1 條
鹽巴 1/2 小匙

餡料

洋菇 2 個
培根 1 片（75 克）
番茄醬汁 1 大匙
莫札瑞拉起司 1/2 杯

作法

1 將茄子對半切，挖空之後撒上鹽巴，接著翻面靜置 10
分鐘。（圖 1）

2 挖出來的茄肉灑點鹽巴，稍微醃一下再炒。

3 培根煎好後把油吸乾，切成適當的大小。洋菇則切成薄
片。（圖 2）

4 把醃茄子生出的水擦乾，並在醃好的茄子內裡均勻抹上番
茄醬。（圖 3）

5 依序用培根、挖出的茄肉、洋菇、莫札瑞拉起司塞滿茄子。
（圖 4）

6 將烤箱預熱至 230 度，烤 15 ～ 20 分鐘。

TIPS

✚ 茄肉要盡量挖乾淨，這樣烤出來才不會覺得咬不動。
✚ 餡料也可以用冰箱裡現有的食材。

簡易食譜

➖ **可省略食材**
洋菇

➡ **可替換食材**
培根→火腿
番茄醬汁→
番茄沾醬

難易度 ★★
料理時間 30 分鐘
分量 2～3 人份

柔滑軟嫩
....

涼拌茄子

食材
茄子 2 條

醬汁
辣椒粉 1 大匙
湯醬油 1 大匙
釀造醬油 1/2 小匙
芝麻油 1/2 小匙
洋蔥絲 1 小匙
蒜末 1 小匙
碎蔥 1 小匙
芝麻鹽 1/2 小匙

作法

1 先將茄子切半，然後用電鍋蒸 10 分鐘。（圖 1）

2 用準備好的材料把醬料調好。（圖 2）

3 將蒸好的茄子切成適當的厚度，再輕輕跟醬料拌勻。
（圖 3）

TIPS
➕ 青陽辣椒跟洋蔥可以跟茄子一起蒸、拌，這樣更好吃。
➕ 如果是用微波爐而不是電鍋蒸的話，可以切開茄子後，加 1 大匙
水微波 3 ～ 5 分鐘。

簡易食譜
➖ **可省略食材** 洋蔥
➡ **可替換食材** 芝麻油→胡麻油

料理技巧
炒

難易度 ★★
料理時間 20分鐘
分量 1人份

料理技巧
烤

難易度 ★
料理時間 20分鐘
分量 1～2人份

適合當作給小朋友吃的配菜

洋蔥炒茄子

食材
茄子 1 條、洋蔥 1/2 個、紅辣椒 1 個、鹽巴
1/2 小匙、沙拉油 1 大匙、蒜末 1/2 小匙、
釀造醬油 1 小匙、麻油 1/2 大匙、芝麻鹽 1/2
小匙

作法
1 將茄子切成固定的厚度後加點鹽。

2 把洋蔥切絲，紅辣椒斜切片。

3 沙拉油倒入平底鍋，加入蒜末爆香。

4 加入茄子和洋蔥炒約 2 ～ 3 分鐘，然
 後倒入釀造醬油調味。

5 淋上麻油和芝麻鹽就完成了。

TIPS
● 最後加一點勾芡水，就是中華料理風味了。

簡易食譜
⊖ **可省略食材** 紅辣椒

簡單又有質感的料理

烤茄子

食材
茄子 1 條、橄欖油 1 大匙
調味醬 釀造醬油 3 大匙、蒜末 1 小匙、碎蔥
1 大匙、碎青陽辣椒 1 小匙、糖漬梅子汁 1 大
匙、醋 1/2 大匙、芝麻 1 小匙

作法
1 將茄子斜切成厚片。

2 橄欖油倒入平底鍋，將茄子煎至金黃。

3 用準備好的材料調成調味醬，然後淋
 在烤茄子上。

TIPS
● 也可以拿櫛瓜、洋蔥、香菇跟茄子一起烤。
● 調味醬不要做太鹹，這樣才可以淋滿整碗。

簡易食譜
⊖ **可省略食材** 碎青陽辣椒、糖漬梅子汁
⊙ **可替換食材** 橄欖油→麻油

黃瓜

被含水量搶鋒頭的驚人功效

很多人經常認為因為黃瓜有 95% 是水分,所以應該沒什麼營養,但其實黃瓜的營養可是相當驚人。是富含鉀、鎂等多種礦物質及各種維生素的鹼性食物,可以中和酸化的身體,幫助排出體內的廢物與毒素,具有解熱、促進新陳代謝的功效。還能夠消水腫、減緩痱子或搔癢等問題,恢復疲勞、美肌、改善便祕等功效也十分出色。尤其是瓜蒂含有豐富的葫蘆素 C,能夠抑制癌細胞成長,所以希望大家千萬不要再說黃瓜根本只等於白開水了。

挑選方式

挑選粗細一致,外皮有刺或是有凸起的黃瓜較好。太粗就代表黃瓜籽太多,請盡量避免。

處理方式

表面多刺或多凸起的黃瓜要以粗鹽搓洗,但是一不小心可能會把黃瓜皮刮傷,請多留意。

保存方式

建議用報紙等紙張一條條包起來放進冰箱的菜盒,避免用塑膠袋。

RECIPE 1	RECIPE 2	RECIPE 3	RECIPE 4	RECIPE 5
黃瓜沙拉	辣醃黃瓜	黃瓜冷湯	黃瓜拌大蒜	醋拌黃瓜

料理技巧
拌

難易度 ★
料理時間 **20分鐘**
分量 **1人份**

消暑開胃
....

黃瓜沙拉

食材
黃瓜 1/2 條
梨子 1/4 個
石榴籽 2 大匙
鹽巴 1/3 小匙
美乃滋 3 大匙
檸檬汁 1/2 小匙

作法

1　先把黃瓜籽挖掉，黃瓜切成方便入口的大小，再用鹽巴稍微醃一下。（圖 1）

2　將梨子切成跟黃瓜差不多大。

3　最後用廚房紙巾把黃瓜生出的水擦乾，並跟剩餘的材料拌在一起。（圖 2）

TIPS

➕ 沙拉不能有水分，才能保持蔬菜的脆度，所以黃瓜生出的水一定要擦乾。

➕ 黃瓜稍微醃一下再入菜，咀嚼起來味道比較好，也能帶出美乃滋的香味。

➕ 切點堅果當配料撒在沙拉裡，看起來更美味。

簡易食譜

➖ **可省略食材**
　石榴籽

➡ **可替換食材**
　梨子→蘋果
　檸檬汁→水果醋、
　糖漬水果汁

夏季泡菜代表

辣醃黃瓜

食材
黃瓜 4 條
洋蔥 1 個
紅蘿蔔 1/4 根
韭菜一把
糯米漿 1/2 杯

醃黃瓜的水
水 3 杯
粗鹽 3 大匙

泡菜醃料
辣椒粉 2/3 杯
梅子汁 1/4 杯（50 毫升）
蝦醬 1/2 杯（100 毫升）
蒜末 1 大匙
生薑汁 1 大匙
白芝麻 1 大匙

作法

1 先將黃瓜以粗鹽搓洗後切成四等分。（圖 1）

2 在切成四等分的黃瓜上，用刀子劃深深的十字，泡進鹽水裡醃約 20 分鐘。（圖 2）

3 韭菜、洋蔥、紅蘿蔔切成可以塞進黃瓜裡的大小。

4 將泡菜醃料倒入完全冷卻的糯米漿裡攪拌成醃醬。（圖 3）

5 韭菜、洋蔥、紅蘿蔔跟醃醬拌在一起。（圖 4）

6 黃瓜醃好後將多餘水分擦乾，並將醃醬塞入黃瓜。（圖 5）

TIPS

➕ 糯米漿可用 1/2 杯的水泡 1 大匙的糯米粉，攪拌到完全沒有結塊為止。

➕ 也可以用燙熟的馬鈴薯或冷飯打成糊來代替糯米漿。

➕ 可以把水果打成汁代替梅子汁，但砂糖的量就要稍微少一點。

簡易食譜

➖ **可省略食材**
生薑汁

➡ **可替換食材**
梅子汁→砂糖、蘋果、梅子、柿子

難易度 ★★
料理時間 20分鐘
分量 1人份

熱氣一哄而散

黃瓜冷湯

食材
黃瓜 1/2 條
洋蔥 1/4 個
紅蘿蔔 1/4 根
水 1 杯半

調味醬
鹽巴 1/3 小匙
醋 2 大匙
梅子汁 2 大匙

冷湯材料
鹽巴 1/3 小匙
蒜頭汁 1 小匙
白芝麻 1/2 小匙
砂糖 1/3 小匙
檸檬汁 1 小匙

作法
1 把黃瓜、紅蘿蔔、洋蔥切絲。(圖 1)

2 將切絲的蔬菜跟調味醬拌一拌,然後靜置 5 分鐘。(圖 2)

3 拌好醬的蔬菜用水沖一沖,然後再用冷湯的材料調味。

TIPS
➕ 如果要加冰塊,冷湯的調味就要稍微重一點。
➕ 用蒜頭汁味道比蒜末更爽口。

簡易食譜
➖ **可省略食材**
  檸檬汁、紅蘿蔔

➡ **可替換食材**
  蒜頭汁→蒜末
  梅子汁→砂糖

料理技巧 **拌**　　難易度 ★
料理時間 **20分鐘**
分量 **2人份**

料理技巧 **拌**　　難易度 ★★
料理時間 **20分鐘**
分量 **2人份**

刺辣口感超迷人

黃瓜拌大蒜

食材
黃瓜 2 條
粗鹽 1 小匙、蒜末 1/2 大匙、麻油 1 小匙、芝麻鹽 1 大匙

作法
1 將黃瓜切成薄片,用鹽巴醃 20 分鐘。
2 用力擠醃好的黃瓜,把水分擠乾。
3 加進蒜末跟麻油後拌勻。
4 撒上芝麻鹽。

TIPS
➕ 黃瓜要越薄越好。
➕ 蒜頭建議要放的時候再切,不要先切。

簡易食譜
➡ **可替換食材** 粗鹽→鹽巴

即拌即吃

醋拌黃瓜

食材
黃瓜 2 條、韭菜適量、洋蔥 1/2 個、芝麻 1 小匙
醬料 辣椒粉 1 大匙、辣椒醬 1 大匙、釀造醬油 1/2 大匙、梅子汁 1 大匙、醋 1/2 大匙、檸檬汁 1/2 大匙、蒜末 1 小匙

作法
1 將黃瓜切成方便入口的大小,韭菜切成 3 公分長,洋蔥切絲。
2 醬料材料倒入碗中拌勻。
3 把黃瓜、韭菜、洋蔥一起加入碗裡拌一拌。
4 最後撒上芝麻就完成了。

TIPS
➕ 酸度可依照個人口味調整。
➕ 如果太酸,可以多加一滴麻油。
➕ 因為黃瓜沒有醃,所以最好只拌一餐能吃完的份量就好。

簡易食譜
➖ **可省略食材** 檸檬汁
➡ **可替換食材** 梅子汁→砂糖＋醋 ｜ 韭菜→芝麻葉、細蔥

南瓜

沒有一絲多餘的營養蔬菜

含有強力抗氧化物質 β 胡蘿蔔素與各種維生素、礦物質的南瓜，最適合「沒有一絲多餘」這個形容詞。南瓜本身可以當成很棒的容器，而南瓜皮煮熟之後也是很好的食材。南瓜皮中含有具抗老作用的多酚，棄置不用可說是營養上的一大損失。另外，南瓜籽含有鈣質與卵磷脂，對骨骼健康與大腦活動有益。所以如果能整顆南瓜吃下肚，那你就是真正掌握了南瓜正確的吃法。

挑選方式

盡量選擇深綠色、沒有撞傷，拿起來沉甸甸的南瓜。

處理方式

用小蘇打粉或醋把南瓜洗乾淨，放進微波爐裡熱 1 ～ 2 分鐘，切開之後把籽挖掉，再連皮一起料理。南瓜籽不要丟掉，可以稍微炒一下再剝殼吃，或是煮成茶喝。

保存方式

南瓜可整顆放在陰涼處，如果想放久一點再吃，則可以把南瓜切開，將蒂和籽挖掉，再密封冷藏或冷凍。也可以切開後煮熟再冷凍。

RECIPE 1	RECIPE 2	RECIPE 3	RECIPE 4	RECIPE 5
拔絲南瓜	南瓜營養飯	日式南瓜雞肉燴飯	南瓜粥	烤蔬菜

料理技巧
炸

難易度 ★★
料理時間 40分鐘
分量 1～2人份

在嘴裡融化的甜蜜
....

拔絲南瓜

食材
南瓜 1/3 顆
沙拉油適量

糖漿
蘋果汁 1 杯
果糖 1 大匙
砂糖 1 大匙
鹽巴 1/4 小匙

作法

1 將南瓜削皮後把籽挖掉，然後一塊塊切成一口大小。

2 沙拉油倒入油鍋中，等上升到一定溫度後就把南瓜丟進去炸。（圖 1）

3 將糖漿的材料全倒入平底鍋裡用小火燉煮。（圖 2）

4 炸好的南瓜均勻裹上糖漿後裝盤。

TIPS

➕ 如果去攪拌煮沸後的糖漿，糖漿冷卻後就會變硬，所以請不要攪拌。

➕ 也可以直接拿炸南瓜拌果糖，這樣比較簡單。

簡易食譜

➖ **可省略食材**
鹽巴

➡ **可替換食材**
蘋果汁→水
果糖→糖漿、玉米糖漿

一顆兼具美味營養

南瓜營養飯

食材
南瓜 1 顆
糯米 1 杯
黍米 1 杯
糯高粱 1 杯

米湯
水 3 杯
鹽巴 1/2 小匙
砂糖 1 大匙

簡易食譜

⊖ **可省略食材**
　砂糖

⊙ **可替換食材**
　黍米、糯高粱→白
　米、糯米＋其他雜
　糧

作法

1 將糯米、黍米、糯高粱一起洗乾淨，浸泡約 5 小時。
（圖 1）

2 水倒入蒸籠，等開始冒蒸氣之後就把雜糧放進去蒸。
（圖 2）

3 待蒸氣再度冒出，就把米湯均勻澆在雜糧上，然後用勺子
稍微翻攪一下，接著蓋上蓋子。（圖 3）

4 待蒸氣再一次冒出，再用相同的方法把米湯澆在雜糧上並
翻攪，這個動作要重複 2 ～ 3 次。（圖 3）

5 澆完最後一次米湯之後再燜 20 分鐘。

6 南瓜洗乾淨之後把蒂切掉，並把籽挖出來。（圖 4）

7 把蒸好的營養飯裝入南瓜裡，再蒸 20 ～ 30 分鐘，把整顆
南瓜跟飯蒸熟。（圖 5）

TIPS

⊕ 搭配栗子、紅棗、松子、銀杏、黃豆、紅豆等堅果，味道跟營養
都會更豐富。

料理技巧
燉煮

難易度 ★
料理時間 30分鐘
分量 4人份

 隱約散發南瓜的甜味

日式南瓜雞肉燴飯

食材
南瓜 1/2 顆
洋蔥 2 個
洋菇 250 克
雞胸肉 250 克
日式燴飯調味粉 100 克
蔬菜湯＊4 杯
番茄醬 2 大匙
沙拉油 2 大匙

作法

1 將南瓜削皮、去籽後切塊，雞胸肉用水洗乾淨，再切成方便食用的大小。

2 把洋蔥和洋菇切絲。

3 將沙拉油倒入平底鍋中，加入洋蔥炒至洋蔥變成褐色，接著再加進雞肉一起炒。（圖 1）

4 雞肉炒熟後，就加南瓜和洋菇一起炒。（圖 2）

5 倒入蔬菜湯燉煮，把原本還有點硬的食材煮軟。（圖 3）

6 把火關小，倒入日式燴飯調味粉，攪拌至沒有結塊為止，然後加進番茄醬再稍微滾一下就完成了。（圖 4）

TIPS

➕ 除了南瓜和洋蔥之外的其他食材，都可依照個人喜好增減。

＊ 請參考第 308 頁。

簡易食譜

➖ **可省略食材**
番茄醬、雞胸肉

➡ **可替換食材**
蔬菜湯→水
洋菇→杏鮑菇
雞胸肉→里肌肉

料理技巧 **燉煮**

難易度 ★★
料理時間 50分鐘
分量 2～3人份

飽足又好消化

南瓜粥

食材

南瓜 1 顆（500 克）、糯米粉 1 杯、紅豆 1/4 杯、水 5 杯（1 公升）、鹽巴 1/2 小匙、蜂蜜適量

作法

1 紅豆至少浸泡 6 小時，再把水跟紅豆一起倒入鍋中，煮至沸騰後把水倒掉，然後重新倒水進去煮 30 分鐘。

2 把南瓜切成適當的大小，籽挖掉、削皮之後蒸或煮熟。

3 用攪拌機把煮熟的南瓜打碎，放入鍋中加水煮沸。

4 糯米粉加一點水，用手攪拌讓糯米粉變鬆軟。

5 待南瓜泥煮沸後加入紅豆，並把結塊的糯米粉倒入，再用湯勺攪拌。

6 用鹽巴調味，最後搭配蜂蜜食用。

TIPS

➕ 紅豆可以先煮好分成小包裝冷凍，要用的時候就很方便。

➕ 紅豆泡越久煮的時間越短，用壓力鍋更方便。

➕ 加一點湯圓或是長條年糕，吃起來更有飽足感。

簡易食譜

➖ **可省略食材** 紅豆、蜂蜜

➡ **可替換食材** 紅豆、糯米粉→泡過的糯米、冷飯

料理技巧 **烤**

難易度 ★
料理時間 20分鐘
分量 1～2人份

享受食材的天然原味

烤蔬菜

食材

南瓜 1/4 顆、洋蔥 1/2 個、茄子 1/2 條、櫛瓜 1/3 條

優格醬 優格 2 大匙、橄欖油 1 大匙、黃芥末 1/4 小匙、蜂蜜 1 小匙、鹽巴 1/4 小匙、檸檬汁 1/3 小匙

作法

1 將南瓜切一半挖空，再連皮一起切成 3 ～ 4 公分厚的塊狀。

2 將洋蔥剝皮後切成圈狀。

3 櫛瓜和茄子洗乾淨後切成厚片。

4 將處理好的蔬菜放在烤盤上，放入用 180 度預熱的烤箱裡烤約 15 分鐘。烤的過程中要記得翻面。

5 烤好裝盤後淋上優格醬，或搭配優格醬沾著吃。

TIPS

➕ 可依照個人喜好準備不同的醬料。

➕ 可以用平底鍋代替烤箱。

簡易食譜

➖ **可省略食材** 橄欖油

➡ **可替換食材** 櫛瓜→迷你櫛瓜｜黃芥末→山葵、芥末｜蜂蜜→糖漿、果糖｜檸檬汁→醋

櫛瓜

「別小看它」

櫛瓜是南瓜的親戚，雖然體積沒有南瓜那麼大，但卻營養豐富，且含有各種維生素與礦物質，是夏季的健康食材。尤其含有大量能增強免疫力的維生素 A、維生素 B1，能恢復疲勞、增強體力，而且對帶狀皰疹有很好的療效。如果想將櫛瓜當成補藥，使其發揮最大功效的最好方法就是曬乾來吃。夏天吃當季的新鮮櫛瓜，過了夏天之後就吃曬乾的櫛瓜，這樣可謂是物超所值的家庭必備食材。

挑選方式

盡量挑選外皮呈現嫩綠色，沒有任何傷痕、相當平滑，瓜蒂大且尚未乾枯，瓜蒂周圍凹陷進去的櫛瓜。拿起來感覺越沉重的就越好吃。

保存方式

不要把瓜蒂切掉，用紙或保鮮膜包起來冷藏，或是切開、曬乾後冷凍。

RECIPE 1	RECIPE 2	RECIPE 3	RECIPE 4	RECIPE 5
櫛瓜煎餅	櫛瓜蒸豆腐	涼拌櫛瓜	櫛瓜牛肉湯	櫛瓜大醬湯

跟洋蔥一起煎

櫛瓜煎餅

食材

櫛瓜 1 條
洋蔥 1/2 個
鹽巴 1/3 小匙
雞蛋 1 顆
蛋黃 2 個
酥炸粉 1 大匙
香芹粉 1/3 小匙
沙拉油 2 大匙

簡易食譜

⊖ **可省略食材**
　香芹粉

⊙ **可替換食材**
　酥炸粉→麵粉 +
　鹽巴

作法

1 將櫛瓜厚切片，再用瓶蓋把中間挖空。（圖 1）

2 配合櫛瓜的厚度把洋蔥切成洋蔥圈，再跟櫛瓜一起用鹽巴醃一下。（圖 2）

3 將雞蛋、蛋黃、香芹粉、鹽巴一起打成蛋汁。（圖 3）

4 櫛瓜和洋蔥一起裹上酥炸粉。（圖 4）

5 用洋蔥塞滿空心的櫛瓜，沾上蛋汁之後煎熟。（圖 5）

TIPS

➕ 可以挑比較小片的洋蔥塞進櫛瓜，或是把大片洋蔥切碎之後塞進去。

➕ 櫛瓜也可以直接裹麵粉和蛋汁煎來吃。

➕ 挖出來的櫛瓜肉可以拿去煮韓式鍋物，或用米製作其他的小菜。

清淡美味的小菜及下酒菜

櫛瓜蒸豆腐

食材
櫛瓜 1 條
豆腐 1/2 塊
鹽巴 1/2 小匙
太白粉 1 大匙

調味醬油
釀造醬油 1 大匙
蝦醬 1/2 小匙
碎蔥 1 小匙
蒜末 1 小匙
梅子汁 1/2 小匙
芝麻鹽少許
麻油 1/2 小匙
辣椒粉 1/2 小匙

作法

1 將櫛瓜切成一口大小，豆腐切成方形再灑上一些鹽巴醃一下。（圖 1）

2 把調味醬的材料調在一起做成調味醬油。（圖 2）

3 櫛瓜和豆腐用鹽巴醃 10 分鐘左右，然後把多餘的水擦掉，接著放進電鍋裡。

4 用篩網將太白粉均勻篩在櫛瓜和豆腐上。（圖 3）

5 放入電鍋蒸，待冒出蒸氣後就再多蒸 5 分鐘。（圖 4）

6 櫛瓜和豆腐裝盤，配醬油一起吃。

TIPS
➕ 如果想要再更嗆辣一點，可以用青陽辣椒代替辣椒粉。

簡易食譜
➖ **可省略食材**
　蝦醬

➕ **可替換食材**
　梅子汁→砂糖
　太白粉→麵粉、酥
　炸粉

料理技巧
拌

難易度 ★★
料理時間 30分鐘
分量 2人份

拌飯好朋友

涼拌櫛瓜

食材
櫛瓜 1 條
鹽巴 1/2 小匙
蒜末 1 小匙
蝦醬 1/2 小匙
沙拉油 1 大匙
芝麻鹽 1/2 小匙

簡易食譜

➖ **可省略食材**
醃櫛瓜的過程

🔁 **可替換食材**
蝦醬→鹽巴、
湯醬油

作法

1 將櫛瓜削皮後切成適當的厚度,然後再全部切絲。(圖 1)

2 櫛瓜加鹽巴醃 5 分鐘。

3 沙拉油倒入平底鍋中,蒜末加進去爆香。(圖 2)

4 櫛瓜醃好後把多餘的水分擦乾,然後在平底鍋裡煎一下。

5 加入蝦醬用大火快炒,最後撒上芝麻鹽。(圖 3)

TIPS

➕ 沙拉油裡面可以加一點黑芝麻油或一般麻油。

➕ 炒櫛瓜時速度要快,這樣顏色才會鮮豔,也較能保持鮮脆口感。

➕ 櫛瓜不醃直接炒,做出來的拌櫛瓜就會有黏稠的湯汁。

料理技巧
燉煮

難易度 ★★
料理時間 30分鐘
分量 1～2人份

料理技巧
燉煮

難易度 ★★
料理時間 30分鐘
分量 1～2人份

又甜又辣的湯令人讚不絕口

櫛瓜牛肉湯

食材

櫛瓜 1 條、牛肉（瘦肉）30 克、紅辣椒
1/2 個、蝦醬 2 大匙、蒜末 1/2 小匙、大蔥
1/2 根、洗米水 2 杯、麻油 1/2 小匙

作法

1 櫛瓜切成薄片，牛肉的血水去乾淨之
後切絲或切碎。

2 紅辣椒的籽挖掉後斜切片，蝦醬剁碎。

3 將麻油倒入湯鍋，牛肉先炒一下再倒
入洗米水。

4 加入蒜末和蝦醬熬煮。

5 最後加入櫛瓜、大蔥、紅辣椒再滾一
下就完成了。

TIPS

⊕ 牛肉可以選用胸腹肉或牛腱、油脂較少的
瘦肉。

簡易食譜

⊖ **可省略食材** 紅辣椒、牛肉

⊙ **可替換食材** 洗米水→水 | 蝦醬→鹽巴、魚
露、湯醬油

最基本的家常大醬湯

櫛瓜大醬湯

食材

櫛瓜 1/2 條、豆腐 1/2 塊、小的馬鈴薯 1 顆、
青辣椒 1/2 個、蒜末 1/3 小匙、鯷魚昆布湯
＊ 2 杯、大醬 1 大匙、大蔥 1/2 根

作法

1 將櫛瓜、豆腐、馬鈴薯分別切成適當
的大小，青辣椒斜切片。

2 大醬用湯泡開，加入馬鈴薯、豆腐和
蒜末後煮至沸騰。

3 放入櫛瓜再滾一下，然後加入大蔥就
完成了。

TIPS

⊕ 如果想要再辣一點，可以用青陽辣椒代替
一般的青辣椒，然後再加一點辣椒粉。

⊕ 沒有鯷魚昆布湯的話，也可以用昆布加水
或洗米水，稍微煮一下就能用了。

⊕ 除了大醬之外，還可以再加辣椒醬，一樣
美味。

＊ 請參考第 307 頁。

簡易食譜

⊙ **可替換食材** 鯷魚昆布湯→水、水（洗米水）
＋昆布

馬鈴薯

被說是「碳水化合物集合體」的超大誤會

常聽到人說「因為馬鈴薯是根莖類食物，所以根本都是碳水化合物」，但其實我們都誤會了唾手可得的馬鈴薯。馬鈴薯屬於塊莖食物，跟洋蔥、蓮藕之類的食物一樣，我們吃的是「莖」這個部位。馬鈴薯被稱為「土裡的蘋果」，維生素 C 含量高於一般水果，而且馬鈴薯裡的維生素即使加熱也不容易被破壞，也是富含纖維、多酚、鉀等營養的鹼性食物，能夠幫助排出宿便、排出體內多餘的鈉，甚至具有抗癌等多種效果。現在開始請大家記住，馬鈴薯是富含營養的食物。

挑選方式

不要挑選外皮有傷痕或是已經冒出綠色嫩芽的，盡量選擇外皮光滑、結實，拿起來沉甸甸的馬鈴薯。

處理方式

把變綠色或是發芽的部位挖掉後再料理。

保存方式

放在陰涼通風的地方，用黑布或是塑膠袋覆蓋以避免照到光線。跟蘋果放在一起比較不容易發芽，削了皮的馬鈴薯則是要泡水，或是用溼抹布包起來冰冰箱以避免褐變。

RECIPE 1	RECIPE 2	RECIPE 3	RECIPE 4	RECIPE 5
炒馬鈴薯	馬鈴薯燉白帶魚	馬鈴薯煎餅	起司烤馬鈴薯	馬鈴薯沙拉

料理技巧
炒

難易度 ★★
料理時間 20分鐘
分量 2～3人份

瞬間就能完成的豐盛小菜

炒馬鈴薯

食材
大馬鈴薯 2 顆
甜椒 1/2 個
粗鹽 1 小匙
碎蔥 1 小匙
蒜末 1 小匙
沙拉油 1 大匙
芝麻鹽 1 小匙

作法

1 將馬鈴薯和甜椒切成細絲，然後用鹽巴醃 10 分鐘。（圖 1）

2 醃好的馬鈴薯和甜椒倒入濾網中，把多餘的水分濾掉。
　（圖 2）

3 沙拉油倒入平底鍋，先炒馬鈴薯和甜椒，接著加入碎蔥、
　蒜末一起炒。（圖 3）

4 最後撒上芝麻鹽就完成了。

TIPS

➕ 如果不醃，也可以把馬鈴薯泡水，稍微去除一些多餘的澱粉再炒，
　這樣比較簡單。

簡易食譜

➖ **可省略食材** 甜椒

➡ **可替換食材** 甜椒→紅蘿蔔、洋蔥｜粗鹽→鹽巴

 ❶    ❷    ❸

難易度 ★★★
料理時間 40分鐘
分量 2人份

沒有腥味又辣得爽口

馬鈴薯燉白帶魚

食材
大馬鈴薯 2 顆
中型的白帶魚 1 條
洋蔥 1/2 個
青陽辣椒 1 個
蔥 1 根
水適量

醬料
釀造醬油 1 大匙
辣椒醬 1 大匙
辣椒粉 1 大匙
蒜末 1 小匙
料理酒 1 大匙
生薑汁 1/2 小匙

作法

1 先把白帶魚的鱗刮除、鰭切掉之後洗乾淨。

2 馬鈴薯和洋蔥削皮，大塊大塊切開。將青陽辣椒切片。

3 接著把醬料調好。

4 馬鈴薯和洋蔥跟醬料拌一拌倒入湯鍋中。這時候只要使用 2/3 的醬料。（圖 1）

5 剩餘的醬料抹到白帶魚上，馬鈴薯放在上面，然後倒入可以蓋過所有食材的水，以大火燉煮。（圖 2）

6 滾了之後轉為中火，繼續燉煮至湯汁變成黏稠狀。（圖 3）

7 加進青陽辣椒跟大蔥，稍微再滾一下就可以關火。

TIPS

➕ 可以用昆布湯＊或蔬菜湯＊代替水，這樣湯會更好喝。
＊昆布湯請參考第 307 頁，蔬菜湯請參考第 308 頁。

簡易食譜

➖ **可省略食材**
　青陽辣椒

➥ **可替換食材**
　料理酒→清酒、燒
　酒
　生薑汁→生薑粉

親手用刨絲板刨出來的更有嚼勁

馬鈴薯煎餅

食材
馬鈴薯 10 顆（600 克）
煎餅粉 1 大匙
鹽巴 1/3 小匙
碎紅蘿蔔 1 大匙
碎洋蔥 1 大匙
沙拉油 3 大匙

簡易食譜

➖ **可省略食材**
　　紅蘿蔔、洋蔥

🔄 **可替換食材**
　　煎餅粉→麵粉

作法

1 馬鈴薯削皮後，用刨絲板磨或攪拌機打成泥，再用網眼細的濾網過濾。（圖 1）

2 濾出來的馬鈴薯汁靜置至少 10 分鐘，直到完全沉澱。（圖 2）

3 完全沉澱後就把水倒掉，剩下的沉澱物和馬鈴薯渣、洋蔥、紅蘿蔔、煎餅粉、鹽巴一起攪拌成麵糊。（圖 3）

4 平底鍋熱好後倒入沙拉油，一匙一匙將麵糊倒上去，煎至外皮變得酥脆。（圖 4）

TIPS

➕ 可以在盆子上面放一個濾網，把馬鈴薯放在濾網裡壓成泥，這樣做起來較輕鬆。

➕ 沒有攪拌機或刨絲板的話，可以把馬鈴薯切成細絲，跟煎餅粉拌一拌直接煎，做成馬鈴薯絲煎餅。

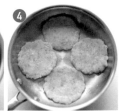

料理技巧
烤

難易度 ★★
料理時間 30分鐘
分量 1人份

料理技巧
拌

難易度 ★★
料理時間 30分鐘
分量 1～2人份

軟爛馬鈴薯與香噴噴起司的結合

起司烤馬鈴薯

懷念又熟悉的滋味

馬鈴薯沙拉

食材

馬鈴薯 2 顆、橄欖油 1 大匙、鹽巴 1/3 小匙、胡椒 1/4 小匙、香芹粉 1/4 小匙

起司醬 帕馬森起司粉 1/2 杯、莫札瑞拉起司 2/3 杯、白醬 2/3 杯

作法

1 馬鈴薯洗乾淨後，連皮一起切成自己喜歡的形狀。

2 將馬鈴薯泡在冷水裡洗去多餘的澱粉，然後撒上鹽巴跟胡椒調味。

3 橄欖油倒入鍋中，馬鈴薯放進去烤至外皮變黃。

4 馬鈴薯放入烤盤，並將起司醬調好後淋上去。

5 放入以 180 度預熱好的烤箱烤約 20 分鐘。

6 最後撒上香芹粉。

TIPS

➕ 如果不用烤箱烤，那起司醬可以另外裝，拿馬鈴薯去沾來吃。

簡易食譜

➖ **可省略食材** 香芹粉
➡ **可替換食材** 白醬→市售奶油醬

食材

馬鈴薯 2 顆、燙馬鈴薯用的鹽巴 1 小匙、黃瓜 1/3 條、醃黃瓜用的鹽巴 1/3 小匙、蘋果 1/4 個、砂糖 1/3 小匙、胡椒 1/4 小匙、葡萄乾少許

美乃滋醬 美乃滋 3 大匙、檸檬汁 1/2 小匙

作法

1 馬鈴薯削皮後切塊，蘋果也切塊。

2 馬鈴薯和鹽巴一起放入湯鍋，倒入可以完全蓋過馬鈴薯的水，把馬鈴薯煮熟。

3 黃瓜和馬鈴薯切成一樣的大小，稍微用鹽巴醃一下，醃好後把黃瓜的水分擠乾。

4 燙好的馬鈴薯撒上胡椒和砂糖拌一拌。

5 用準備好的材料調成美乃滋醬。

6 把馬鈴薯、黃瓜、葡萄乾、蘋果、美乃滋醬拌在一起。

TIPS

➕ 放一些杏仁、花生等堅果更營養美味。
➕ 少放一些美乃滋，改用原味優格代替，就可以降低這道菜的熱量。

簡易食譜

➖ **可省略食材** 砂糖、胡椒、檸檬汁
➡ **可替換食材** 黃瓜→洋蔥｜蘋果→桃子、柿子、香蕉等

紅蘿蔔

🔍 溫熱身體的溫暖食材

橘紅色的紅蘿蔔,光是顏色就讓人感到溫暖。紅蘿蔔不僅是溫熱性質的食材,更能夠促進血液循環,讓人的身體變溫暖。因為體溫一旦降低,免疫力就會下降,使人更容易暴露在疾病中。不然怎麼會有人說「溫暖使人生存,寒冷使人死亡」呢?這也代表著維持體溫和健康有著密切的關係。紅蘿蔔能讓身體溫暖,也能幫助眼睛、肝臟、胃臟和肺維持健康,對婦女病也相當有效,是多多益善的食材。

👍 挑選方式

盡量選擇色澤濃郁、表面平滑,根部尾端完整的紅蘿蔔。

🛒 保存方式

用報紙包起來冰在冰箱的蔬菜盒裡。

RECIPE 1	RECIPE 2	RECIPE 3	RECIPE 4	RECIPE 5
醃紅蘿蔔	紅蘿蔔炒飯	炸紅蘿蔔片	紅蘿蔔果汁	炒紅蘿蔔絲

料理技巧
發酵

難易度 ★★
料理時間 30分鐘
（發酵時間2天）
分量 2～3人份

適合配牛排、義大利麵

醃紅蘿蔔

食材

紅蘿蔔 2 條
芹菜 1 根（150 克）

甜醋液
梅子汁 1 杯
水 1 杯
發酵醋 1 杯

簡易食譜

⊖ **可省略食材**
　芹菜

⊙ **可替換食材**
　梅子汁→砂糖
　發酵醋→一般醋

作法

1 將甜醋液材料全倒進湯鍋裡煮，沸騰後關火冷卻。（圖 1）

2 紅蘿蔔削皮後切成長條狀，並把尖角削成圓弧形。（圖 2）

3 將芹菜皮較硬的地方削掉，切成跟紅蘿蔔一樣的長度。
　（圖 2）

4 將紅蘿蔔、芹菜裝入以熱水消毒過的玻璃瓶中，再倒入甜醋液。（圖 3）

5 放進冰箱裡發酵 2 天後就能吃了。

TIPS

⊕ 為了保留梅子汁裡的營養，梅子汁不要一起倒進去煮，等煮沸後再加進去就好。

⊕ 如果用砂糖代替梅子汁 就要用水 1（或 2）:砂糖 1（或 1/2）:醋 1:鹽巴 0.1 的比例調味。

①

②

③

 加點明太子增添風味

紅蘿蔔炒飯

食材
飯 1 碗半
碎紅蘿蔔 1 杯
明太子 2 ～ 3 條
碎韭菜 1/2 杯
沙拉油 1 大匙半
海苔 1 片

作法

1 先將紅蘿蔔切碎，明太子外皮剝開後切成適當的大小。
（圖 1）

2 沙拉油倒入平底鍋裡，用來炒紅蘿蔔和明太子。（圖 2）

3 倒入白飯一起炒。（圖 3）

4 接著加入碎韭菜一起炒。（圖 4）

5 起鍋後撒上海苔粉。

TIPS
➕ 建議使用沒有加色素的明太子。
➕ 海苔烤脆後裝在袋子裡撕碎，就能當海苔粉使用。

簡易食譜
➖ **可省略食材**
　　海苔
➡ **可替換食材**
　　韭菜→蔥

讓人想一吃再吃的健康零食

炸紅蘿蔔片

食材
紅蘿蔔 1 條
糯米粉 2 大匙
鹽巴 1/3 小匙
香芹粉 1/2 小匙
沙拉油適量

作法

1 紅蘿蔔削皮後切成薄片。（圖 1）

2 切好後撒上鹽巴醃 5 分鐘，然後把紅蘿蔔生出的水擦乾。

3 紅蘿蔔片裹上糯米粉，油炸至酥脆。（圖 2）

4 趁熱撒上香芹粉。

TIPS

➕ 炸的時候可以用筷子夾看看，有酥脆感就可以馬上起鍋，這樣才
不會焦掉。

簡易食譜

➖ **可省略食材**
香芹粉

➡ **可替換食材**
糯米粉→麵粉、酥
炸粉

料理技巧
研磨

難易度 ★
料理時間 20分鐘
分量 2人份

料理技巧
炒

難易度 ★
料理時間 20分鐘
分量 2人份

豐富的維生素與膳食纖維

紅蘿蔔果汁

食材
紅蘿蔔 3 條、蘋果 1/2 個

作法
1 先把紅蘿蔔和蘋果洗乾淨，但不要削皮。
2 將紅蘿蔔與蘋果切成適當的大小，用攪拌機或刨絲板磨碎，再用濾網過濾。

TIPS
➕ 用榨汁機也可以。
➕ 加了蘋果更好喝也更營養。

簡易食譜
➖ **可省略食材** 蘋果
➡ **可替換食材** 蘋果→梨子、柳丁、鳳梨、甜椒等

輕鬆又簡單

炒紅蘿蔔絲

食材
紅蘿蔔 1 條、蒜末 1/2 大匙、鹽巴 1/2 小匙、胡椒 1/4 小匙、沙拉油 1 大匙

作法
1 先把紅蘿蔔切絲、蒜頭切碎。
2 沙拉油倒入熱好的平底鍋，紅蘿蔔和蒜頭倒進去炒。
3 最後用鹽巴和胡椒調味。

TIPS
➕ 炒太久紅蘿蔔脆脆的口感就會消失，所以要快炒。

簡易食譜
➖ **可省略食材** 胡椒

蘿蔔

🔍 比起遙遠的人蔘，還是選擇蘿蔔

有一句話說「如果吃蘿蔔不會打嗝，比吃人蔘還好」，這句話意指蘿蔔的營養價值非常高，再加上蘿蔔對消化很好這兩層意思。而「多吃蘿蔔身體比較不會有問題」這句話，則是代表蘿蔔不僅能預防感冒，更具有抗癌效果，意在彰顯蘿蔔的功效多多，以及兼具天然消化劑的能力。其實不光是蘿蔔，蘿蔔酵素的營養價值也很高。單就營養價值和功效來看，蘿蔔酵素比蘿蔔好，而蘿蔔乾則比蘿蔔酵素更好。雖然在韓語中「垃圾」這兩個字就是從「蘿蔔乾」演變而來的，但現在蘿蔔乾可是提升蘿蔔地位的功臣喔。

挑選方式

盡量選擇綠色部分超過整根蘿蔔的 1/2，表面光滑、結實，還有一些鬚根的蘿蔔。

處理方式

蘿蔔皮比蘿蔔芯更具營養價值，所以建議不要把皮削掉，直接洗乾淨拿來用就好。

保存方式

密封後放在冷藏室的蔬菜盒裡，要用來燉、煮湯的蘿蔔，可以先配合用途切好冷凍保存。

RECIPE 1	RECIPE 2	RECIPE 3	RECIPE 4	RECIPE 5
牛肉蘿蔔湯	涼拌蘿蔔絲	青花魚燉蘿蔔	蘿蔔泡菜	涼拌蘿蔔

料理技巧
燉煮

難易度 ★★
料理時間 50分鐘
分量 2～3人份

當你想喝溫熱爽口的湯

牛肉蘿蔔湯

食材

牛肉（牛腩）300 克
蘿蔔 400 克
乾香菇 1 個
麻油 1 大匙
水 4～5 杯
蒜末 1 小匙
鹽巴 1/2 小匙
湯醬油 1 小匙
大蔥 1 根

作法

1 先將牛肉用自來水沖洗一下，接著用廚房紙巾包起去血水。血水吸乾淨之後切片。

2 再把蘿蔔削皮後切塊。

3 乾香菇用水泡開，然後切絲。

4 麻油倒入湯鍋中，把蒜末和牛肉加進去炒。（圖 1）

5 接著倒水，加進蘿蔔、泡開的香菇與湯醬油燉煮。（圖 2）

6 將浮上來的泡沫撈掉，煮到蘿蔔熟透為止。（圖 3）

7 最後將大蔥切好加進去，如果味道不夠就加鹽巴調味。

TIPS

➕ 牛肉不用炒的而用燙的，這樣湯會比較清。

簡易食譜

➖ **可省略食材** 乾香菇

➡ **可替換食材** 麻油→紫蘇油｜乾香菇→一般香菇

簡單涼拌也好吃

涼拌蘿蔔絲

食材
蘿蔔 2/3 根（500 克）
魚露 2 大匙
梅子汁 3 大匙

醬料
辣椒粉 4 大匙
生薑汁 1/2 小匙
魚露 2 大匙
麻油 1 小匙
蒜末 1 小匙
碎大蔥 1 大匙
碎青陽辣椒 1 小匙
砂糖 1 小匙
芝麻鹽 1 小匙

作法

1　將蘿蔔削皮後切絲。（圖 1）

2　把蘿蔔絲加入梅子汁、魚露拌一拌，然後醃 5 分鐘。

3　用準備好的材料把醬料調好。（圖 2）

4　最後輕輕把蘿蔔絲的水分擠乾，然後再跟醬料拌在一起。（圖 3）

TIPS

➕ 馬上就要吃的話可以省略醃的步驟，如果要放 2 ～ 3 天才吃，那蘿蔔絲醃一下會比較好。

➕ 可依照個人口味用醋代替麻油，拌起來酸酸甜甜的很好吃。

簡易食譜

➖ **可省略食材**
生薑汁、梅子汁、青陽辣椒

➡ **可替換食材**
生薑汁→生薑粉
魚露→鹽巴

料理技巧
燉煮

難易度 ★★★
料理時間 50分鐘
分量 2人份

讓你一口接一口的的嗆辣配菜

青花魚燉蘿蔔

食材
青花魚 1 尾（320 克）
蘿蔔 1/2 根（450 克）
洗米水 3 ～ 4 杯
蔬菜湯 * 1 杯半
青陽辣椒 1 個
大蔥 1/2 根

蘿蔔醃漬
蒜末 1 小匙
辣椒粉 2 大匙
辣椒醬 1 小匙
釀造醬油 2 大匙
生薑汁 1/3 小匙
料理酒 1 大匙

青花魚醃漬
蒜末 1/2 小匙
辣椒粉 1 大匙
辣椒醬 1/2 小匙
釀造醬油 1 小匙
料理酒 1 大匙
生薑汁 1/3 小匙
沙拉油 1/2 小匙

作法
1 先將蘿蔔削皮後切塊，跟醬料拌在一起醃一下。（圖 1）

2 把青花魚泡在洗米水裡去腥，接著再跟醬料拌在一起醃。

3 將醃好的蘿蔔跟青花魚放入湯鍋，倒入蔬菜湯燉煮。
（圖 2）

4 開始沸騰之後轉為中火，燉煮至湯汁變濃稠。（圖 3）

5 等蘿蔔差不多把湯汁吸乾後就能夠裝盤，再切一些青陽辣椒和大蔥撒在上面就完成了。

TIPS
➕ 燉魚的時候如果經常把蓋子打開來確認，味道會變得比較腥，所以建議盡量不要打開。
＊ 請參考第 308 頁。

簡易食譜
➖ **可省略食材** 青陽辣椒
➡ **可替換食材** 生薑汁→生薑粉 ｜ 料理酒→清酒、燒酒 ｜ 蔬菜湯→水

料理技巧 **拌**

難易度 ★★★
料理時間 50分鐘
分量 4人份

白色湯頭就是要配它

蘿蔔泡菜

食材

蘿蔔 2 個、粗鹽 1 杯半、糖漿 2 杯、辣椒粉 1/2 杯、芝麻適量、魚露視調味所需而定

糯米糊 糯米粉 1 大匙、水 1 杯

醬料 乾辣椒兩把、小的薑 2 個、蒜頭 1/2 杯、洋蔥 1/2 個、梅子汁 2 大匙、蝦醬 2 大匙

作法

1 將蘿蔔削皮後切成方塊狀,跟粗鹽和糖漿拌在一起醃一下。

2 把要用來調醬料的乾辣椒的蒂摘掉,對半切之後將辣椒籽去除,接著再泡水。

3 用水把糯米粉泡開,煮沸製成糯米糊。

4 將所有醬料材料用攪拌機打在一起。

5 接著在打好的醬料裡加入芝麻、辣椒粉、糯米糊。

6 將醃好的蘿蔔用水洗一洗,然後把水瀝乾。

7 把醬料跟蘿蔔拌在一起,最後再用鹽巴或魚露調味。

TIPS

➕ 醃蘿蔔時加糖漿或玉米糖漿,不僅不會甜,還能保留咀嚼時的口感。

➕ 如果用砂糖代替梅子汁,份量就要減半。如果能用梨子或是柿子之類的水果代替砂糖更好。

簡易食譜

➖ **可省略食材** 乾辣椒、糖漿

➡ **可替換食材** 乾辣椒→紅辣椒、辣椒粉│糖漿→玉米糖漿、果糖│梅子汁→砂糖、水果│糯米糊→冷飯

料理技巧 **燉煮**

難易度 ★★
料理時間 30分鐘
分量 1人份

味道溫和又清淡

涼拌蘿蔔

食材

蘿蔔 1/2 條、蒜末 1 小匙、碎蔥 1 大匙、鹽巴 1/2 小匙

明太魚湯 水 3 杯、明太魚乾的頭 3 個、青陽辣椒 1 個、昆布 2 片、蒜頭 3 顆、蔥根 3 ~ 4 個

作法

1 先用湯鍋把明太魚湯煮好。

2 將蘿蔔削皮後切成粗絲。

3 接著把蘿蔔絲、蒜末、鹽巴裝入湯鍋中,倒入明太魚湯煮 10 分鐘。

4 待湯汁變得有點稠,再加進碎蔥就完成了。

TIPS

➕ 中途如果把蓋子打開味道會變差,所以煮的過程中請不要把蓋子打開。

➕ 蔥根洗乾淨之後冷凍,需要時再拿出來用。

➕ 除了明太魚湯之外,也可以直接用水和昆布來煮湯。

＊ 鯷魚昆布湯請參考第 307 頁,蔬菜湯請參考第 308 頁。

簡易食譜

➖ **可省略食材** 青陽辣椒

➡ **可替換食材** 明太魚湯→鯷魚昆布湯＊、蔬菜湯＊│蔥根→大蔥、洋蔥

檸檬

讓料理發光的配角

檸檬雖然是水果，但卻不能單獨吃。搭配肉類、魚類、蔬菜、水果，甚至放在麵粉類製品旁邊當配料，卻能夠襯托料理的美味、掩飾缺點，扮演讓食物更美味的角色。唯有用蜂蜜或砂糖醃漬，才能重新以「檸檬」之姿，製成檸檬汽水或檸檬茶，不過其實醃漬過後的檸檬，也經常用來入菜。檸檬是料理的「小天使」，是隱身於美食背後的配角。

挑選方式

請挑選顏色鮮豔、形狀圓潤，兩端不會太尖，拿起來感覺有點重的檸檬。

處理方式

用蘇打粉或醋清洗，再用滾水稍微燙一下後使用。

保存方式

如果幾天內就要使用，可放於室溫下。用剩的檸檬可用保鮮膜包起來冷藏。擠成檸檬汁之後，可以倒入冰塊盒裡冷凍，使用起來會比較方便。

RECIPE 1	RECIPE 2	RECIPE 3	RECIPE 4	RECIPE 5
糖漬檸檬	草莓果醬	檸檬生薑茶	烤青花魚	燒酒調酒

料理技巧
發酵

難易度 ★★
料理時間 30分鐘
分量 2公升玻璃瓶

 做一大罐用途多多

糖漬檸檬

食材
檸檬 1 公斤
砂糖 1 公斤

清洗檸檬
食用蘇打 1/2 杯
鹽巴 1 大匙
醋 1/3 杯

作法

1 食用蘇打先用水泡開，接著將檸檬浸泡其中 10 分鐘，再用刷子洗乾淨。（圖 1）

2 在滾水中加入醋和鹽，將檸檬放進去泡 10 秒後，再拿出來以冷水沖洗，洗好後把水擦乾。（圖 2）

3 用刨絲板把檸檬刨成 0.5 公分厚的檸檬片，然後把檸檬籽挖掉。（圖 3）

4 將檸檬片和砂糖層層交疊裝進容器中，接著翻個幾次讓砂糖融化。（圖 4）

5 裝進用熱水消毒過的玻璃瓶裡密封，在室溫下放一天，隔天再放進冰箱裡，等待 15 ～ 30 天發酵。

TIPS
- 如果不把籽挖掉會苦，要多注意。
- 糖漬檸檬至少要發酵 15 天以上，味道才會比較濃郁。
- 做好的糖漬檸檬不僅能做飲料，更能用於各種料理和烘焙。
- 糖漬水果很容易長黴菌，一定要冷藏保存並用砂糖覆蓋。

甜度低一點，健康多一點

草莓果醬

食材

檸檬 1 顆
草莓 1.2 公斤
砂糖 0.5 公斤

清洗檸檬

食用蘇打 1/2 杯
鹽巴 1 杯
醋 1/3 杯

作法

1　食用蘇打先用水泡開，接著將檸檬浸泡其中 10 分鐘，然後再用刷子洗乾淨。

2　在滾水中加入醋和鹽，將檸檬放進去泡 10 秒後，撈出來以冷水沖洗，接著將水擦乾，並切成適當的大小。

3　草莓用加了醋的水洗乾淨，輕輕漂洗並把蒂摘掉。

4　將草莓、砂糖、切成適當大小的檸檬放入鍋中加熱。（圖 1）

5　開始沸騰後轉為中火，並把泡沫撈出來。（圖 2）

6　待草莓煮爛後就把檸檬撈出來，繼續熬煮至用勺子撈起來時不會往下流的半凝固狀態。（圖 3、4）

7　裝入用熱水消毒過的容器裡存放。

TIPS

✚ 通常草莓跟砂糖的比例都是 1：1，但在自己家裡做的時候可以放少一點糖，然後一定要冷藏。

✚ 做果醬時加點檸檬汁，檸檬裡的果膠成分會幫助果醬凝固，還可以延長保存期限。

預防換季感冒

檸檬生薑茶

食材
檸檬 3 顆（270 克左右）
生薑 200 克
砂糖 400 克

清洗檸檬
食用蘇打 1/2 杯
鹽巴 1 杯
醋 1/3 杯

作法

1 食用蘇打先用水泡開，接著將檸檬浸泡其中 10 分鐘，然後再用刷子洗乾淨。

2 在滾水中加入醋和鹽，將檸檬放進去泡 10 秒後，撈出來以冷水沖洗，接著將水擦乾。

3 將檸檬切成薄片，並把籽挖掉，生薑也切成薄片。（圖 1）

4 將生薑、砂糖、檸檬一起裝入容器裡，輕輕攪拌至砂糖融化。（圖 2）

5 裝進用熱水消毒過的玻璃瓶裡，最上面鋪一層砂糖。密封之後冷藏發酵約兩星期。

TIPS

➕ 生薑泡水比較容易剝皮。

➕ 如果薑爛掉就一定要丟掉。因為一種叫做黃樟素的有毒物質，已經擴散到還沒爛掉的部分，所以務必要丟掉。

料理技巧
烤

難易度 ★★
料理時間 **30分鐘**
分量 **1～2人份**

料理技巧
混合

難易度 ★
料理時間 **10分鐘**
分量 **1人份**

用檸檬汁去腥
....

烤青花魚

食材
青花魚 1 尾、洗米水 2 杯、香草鹽 1/3 小匙、料理酒 1 大匙、馬鈴薯澱粉 1 大匙、果糖 2 大匙、檸檬 1/4 顆

作法
1 拿刀子在已經洗乾淨、處理好的青花魚上，劃 2～3 條刀痕，然後浸泡在洗米水裡約 10 分鐘。
2 用廚房紙巾把青花魚的水分吸乾，撒上香草鹽跟料理酒，然後用烤盤紙包起來，放進冰箱冷藏 30 分鐘。
3 調味好的青花魚均勻裹上馬鈴薯澱粉。
4 橄欖油倒入已經燒熱的平底鍋中，將青花魚正反兩面都煎熟。
5 青花魚裝盤，然後擠上檸檬汁。

TIPS
➕ 青花魚泡洗米水可以去腥。
➕ 烤魚加點檸檬汁可以去腥，也可以使魚肉更有彈性，更可以減少烤魚時產生的致癌物質。

簡易食譜
➡ **可替換食材** 香草鹽→鹽巴｜料理酒→清酒、燒酒

在家也能小酌一杯
....

燒酒調酒

食材
檸檬 1/4 顆、燒酒 1/4 杯、蜂蜜 2 大匙、氣泡水 2/3 杯、冰塊適量

作法
1 在杯中裝入適量的冰塊，然後倒入燒酒。
2 倒入氣泡水，並擠入檸檬汁。
3 加進蜂蜜後均勻攪拌，然後在杯緣放一塊檸檬做裝飾就完成了。

TIPS
➕ 如果用汽水代替氣泡水，蜂蜜就可以減量。

簡易食譜
➡ **可替換食材** 氣泡水→汽水

黑豆

🔍 黑色食物的代名詞

黑豆中其實含有許多好的豆類蛋白質，具有降低膽固醇的功效。而能發揮強大抗氧化作用的花青素含量，更是一般葡萄難以比擬的多，可以說是黑色食物的最佳代言人。種類有黃仁黑豆、青仁黑豆和鼠目太豆等。

👆 挑選方式

盡量挑選外皮呈黑色且有光澤的。

處理方式

洗乾淨之後浸泡 1 小時以上再料理。

保存方式

裝進密封容器，存放在乾燥陰涼的地方。如果要久放的話，建議冷凍保存。

RECIPE 1	RECIPE 2	RECIPE 3	RECIPE 4	RECIPE 5
豆漿冷麵	豆渣鍋	醬豆	黑豆飯	醋豆

健康的夏季麵食

豆漿冷麵

食材

青仁黑豆 2/3 杯
細麵 200 克
芝麻 1 小匙
鹽巴 1 小匙
水 1 杯半

作法

1 黑豆先泡 5 ～ 6 小時，裝進湯鍋裡並加入適量的水，煮約 5 分鐘左右。（圖 1）

2 煮好的黑豆用冷水洗過，把外皮剝掉。

3 黑豆、芝麻、水用榨汁機打成豆漿。（圖 2）

4 細麵煮熟後用冷水沖起，再把多餘的水分瀝乾，以容器盛裝後再倒入黑豆漿。

TIPS

➕ 黑豆如果煮太久會有豆醬味，煮的時間短一點才比較不會臭，請多留意。

➕ 煮細麵時如果水滾了，就加冷水再煮，重複 2 ～ 3 次之後就能煮出 Q 彈的細麵。

➕ 如果想在豆漿裡加冰塊，那在做豆漿時就得做得濃一點。

➕ 可依照個人的口味，加鹽巴或砂糖。

簡易食譜

➖ **可省略食材**
  芝麻

餵飽空空如也的五臟廟

豆渣鍋

食材
醃熟的泡菜 2 杯半
蒜末 1 小匙
牛骨湯＊3 杯
碎大蔥 1 大匙
鹽巴 1/3 小匙
麻油 1 大匙

豆渣材料
泡過的黑豆
（青仁黑豆）1 杯
水 1 杯

作法
1 用手搓揉已經泡了 5 ～ 6 小時的黑豆，把黑豆皮搓掉。

2 以 1：1 的比例，將黑豆和水倒入榨汁機中打成豆漿。（圖 1）

3 將泡菜心挖掉，並把泡菜切成方便食用的大小。

4 麻油倒入湯鍋，加入泡菜炒一炒。（圖 2）

5 接著加入蒜末、牛骨湯熬煮。（圖 3）

6 等湯汁稍微收了一點，再倒入剛剛打好的豆漿，不需要攪拌，只要放著煮到豆漿全熟即可。（圖 4）

7 最後加入大蔥就完成了。

TIPS
➕ 做豆腐剩的豆渣比較粗，但直接用豆子打出來的豆渣又細又香。

➕ 豆渣和牛骨湯都可以直接買市面上販售的產品來用。

＊ 請參考第 306 頁。

簡易食譜
➖ **可省略食材**
　牛骨湯

➡ **可替換食材**
　牛骨湯→水、洗米水＋（豬肉）

料理技巧
燉煮

難易度 ★★★
料理時間 40分鐘
分量 4人份

甜鹹滋味，開胃又下飯

醬豆

食材

黑豆（青仁黑豆）1杯
料理酒 1 大匙
昆布 1～2 片
梅子汁 1/2 杯
釀造醬油 1/2 杯
水 3 杯
蒜末 1 小匙
生薑汁 1 小匙
糖漿 3 大匙
芝麻 1 大匙

作法

1 黑豆洗乾淨後倒入鍋中，接著加入料理酒、昆布、梅子汁、釀造醬油和水，以大火燉煮。（圖 1）

2 煮一段時間後轉為中火，繼續煮至醬汁變濃稠。（圖 2）

3 接著加入蒜末和生薑汁繼續煮。（圖 3）

4 等醬汁收到快要見底時加入糖漿攪拌，最後撒上芝麻。（圖 3）

TIPS

➕ 黑豆先泡好再料理，可以縮短料理時間。

➕ 燉煮的過程中就把糖漿、玉米糖漿或砂糖加進去的話會變硬，所以要在最後才加。

簡易食譜

➖ **可省略食材**
生薑汁、昆布、料理酒、梅子汁

➕ **可替換食材**
料理酒→清酒、燒酒
糖漿→玉米糖漿、果糖
梅子汁、砂糖

難易度 ★★
料理時間 20分鐘
分量 2人份

料理技巧
燉煮

難易度 ★
料理時間 10分鐘（發酵時間10天）
分量 1人份

料理技巧
發酵

用青仁黑豆添加營養

黑豆飯

食材
米 1 杯、糯米 1/3 杯、黑豆（青仁黑豆）1/2
杯、清酒 1 大匙、水 2 杯

作法

1 白米和糯米一起洗，然後浸泡約 30
分鐘。

2 黑豆另外洗乾淨，也浸泡約 30 分鐘。

3 把泡好的米和黑豆放入壓力鍋或是電
子鍋。

4 加好煮飯的水後，再把清酒倒進去開
始煮，等飯煮好就完成了。

TIPS
➕ 煮飯時放一片昆布，飯的味道會更香。
➕ 清酒可以去黑豆的腥味。

簡易食譜
➖ **可省略食材** 清酒、糯米

能促進血液循環

醋豆

食材
黑豆 1 杯、發酵醋 2 杯半、梅子汁 1/2 杯

作法

1 把黑豆洗乾淨，用熱水泡 30 分鐘。

2 泡好的黑豆撈出來，把水擦乾之後
裝入密封容器，然後倒入發酵醋與
梅子汁。

3 蓋上蓋子放入冰箱，10 天之後就能
吃了。

TIPS
➕ 黑豆炒過再用，就不會有豆子的腥味。
➕ 黑豆醃好後剩的醋汁可以用水稀釋來喝，
或是拿來做沙拉醬。

簡易食譜
➖ **可省略食材** 梅子汁

PART 3

肉類海鮮

肉類海鮮

常備食材
11×5
食譜

雞肉	豬肉	培根	牛肉
韓式辣燉雞	豆芽菜烤豬肉	培根蒜苗捲	烤肉排
×	×	×	×
涼拌雞胸肉	豬頸泡菜鍋	培根餐包三明治	牛肉海帶湯
×	×	×	×
辣醬炸雞翅	醬汁碎肉豬排	煎蛋飯捲	牛骨湯
×	×	×	×
雞肉粥	生菜包豬肉	培根炒番茄	燉牛排骨
×	×	×	×
蔘雞湯	蘋果烤豬頸肉	奶油培根義大利麵	牛排

蛤蜊	魷魚	蝦乾	牡蠣
清蒸蛤蜊	魷魚蓋飯	蝦乾炒青江菜	牡蠣煎餅
×	×	×	×
蛤蜊湯	烤魷魚	炒蝦乾	牡蠣海帶湯
×	×	×	×
蛤蜊拌飯	魷魚韭菜辣生魚片	野葵湯	牡蠣飯
×	×	×	×
生拌蛤蜊	魷魚鍋	蝦乾炸蓮藕	涼拌牡蠣
×	×	×	×
蛤蜊大醬鍋	魷魚泡菜煎餅	蝦乾大醬鍋	豆芽牡蠣粥

鮑魚	明太魚	鰻魚
鮑魚粥	豆芽菜燉明太魚	糯米椒燉鰻魚
×	×	×
奶油烤鮑魚	醬烤明太魚	鰻魚炸蔬菜
×	×	×
醬燉鮑魚	明太魚湯	辣拌鰻魚
×	×	×
鮑魚生魚片	涼拌明太魚乾	鰻魚辣椒飯捲
×	×	×
鮑魚炒飯	明太魚蘿蔔湯	鰻魚炒堅果

雞肉

🔍 購買健康飼育的雞肉

短時間內像吹氣球一樣長大，暱稱為「爆米花」的雞、在狹窄空間內靠著餵食生長激素和抗生素長大的雞，都成為我們所吃的雞肉在市面流通。當然，以營養價值來看，雞肉確實是相當出色的食材，可若想完整吸收這些養分，那就必須要選擇健康飼育的雞。身為消費者的我們所能做的事情，就是找出以健康的方式飼養雞隻的業者，以購買支持他們。

👆 挑選方式

生肉呈現鮮紅色、雞皮為白色或不帶殷紅色的奶白色，雞皮上沒有殘留的毛，且毛孔較小的才是新鮮的雞。

🍲 處理方式

雞肉上的毛要拔乾淨，再用自來水清洗，並以粗鹽搓洗雞皮，去除雞隻特有的腥味後再行料理。比較乾硬的雞胸肉料理時可抹上橄欖油，這樣吃起來較軟嫩。

🧺 保存方式

雞肉一定要冷凍，如果只是要暫時冷藏的話，建議用酒和鹽先醃過再冰。

RECIPE 1	RECIPE 2	RECIPE 3	RECIPE 4	RECIPE 5
韓式辣燉雞	涼拌雞胸肉	辣醬炸雞翅	雞肉粥	蔘雞湯

不帶皮的清爽口感

韓式辣燉雞

食材

雞肉 850 克
月桂葉 4 片
料理酒 2 大匙
胡椒粒 4 個
大的馬鈴薯 2 顆
大的洋蔥 2 顆
紅蘿蔔 1/4 根
蔬菜湯＊3 杯
鹽巴 1 小匙

雞肉調味醬

辣椒粉 3 大匙
紅乾椒 1 大匙
蒜末 1 大匙
香菇粉 1 小匙
釀造醬油 2 大匙
梅子汁 4 大匙
料理酒 2 大匙

蔬菜調味醬

辣椒醬 2 大匙
釀造醬油 1 大匙

簡易食譜

⊖ **可省略食材**
香菇粉

⊙ **可替換食材**
梅子汁→砂糖
蔬菜湯→水
料理酒→清酒、
燒酒
紅乾椒→辣椒粉、
乾辣椒

作法

1 雞肉用自來水洗乾淨後剝皮，再跟料理酒、月桂葉和胡椒粒一起燉煮。（圖 1）

2 將煮熟的雞肉跟調味醬拌在一起，趁著準備其他食材的時候，把調味好的雞肉放進冰箱冷藏。（圖 2）

3 馬鈴薯、紅蘿蔔、洋蔥去皮後切成方便食用的大小，再跟蔬菜調味醬拌在一起。（圖 3）

4 將雞肉和蔬菜放入湯鍋，倒入蔬菜湯後熬煮至湯汁呈黏稠狀。

5 試一下味道，如果覺得太淡就加鹽。

TIPS

➕ 把雞皮剝掉再料理會比較清淡爽口。
➕ 韓式辣燉雞也可以用已經切好的雞肉塊。
＊ 請參考第 308 頁。

清涼消暑的補品

涼拌雞胸肉

食材
雞胸肉 150 克
料理酒 1 大匙
胡椒粒 3 ～ 4 顆
月桂葉 2 片
鹽巴 1/2 小匙
黃瓜 1 根
梨子 1/2 個
紅蘿蔔 1/3 根
水芹 5 株

芥末醬
芥末 1 大匙
糖漬蘋果汁 2 大匙
醋 1 大匙半
市售蒜味檸檬醬 1 大匙
蒜末 1/2 小匙
鹽巴 1/3 小匙
芝麻少許

簡易食譜

⊖ 可省略食材
　水芹

⊙ 可替換食材
　糖漬蘋果汁→
　砂糖、糖漬梅子汁
　月桂葉→大蔥
　梨子→蘋果
　市售蒜味檸檬醬→
　美乃滋+(檸檬汁)、
　原味優格

作法
1 雞胸肉洗乾淨後，加料理酒、胡椒粒、月桂葉、鹽巴煮熟，再順著肉的紋理撕開。(圖 1)

2 用準備好的材料調好芥末醬，再放入冰箱冷藏。(圖 2)

3 黃瓜、梨子、紅蘿蔔切絲，水芹切成適當的長度。(圖 3)

4 雞胸肉、蔬菜、芥末醬拌在一起後裝盤。(圖 4)

TIPS
⊕ 芥末醬可以先做好放冰箱準備。
⊕ 要加芥末醬之前再切蔬菜，這樣才能保持新鮮爽脆的口感。
⊕ 可以搭配一點碎堅果。

料理技巧
炸

難易度 ★★★
料理時間 40分鐘
分量 2人份

 外酥內嫩

辣醬炸雞翅

食材
雞翅 300 克
粗鹽 1 大匙
糯米粉 2 大匙
酥炸粉 1 大匙
水 1/4 杯（50 毫升）
沙拉油適量

調味醬
釀造醬油 1/3 小匙
料理酒 1 小匙
蒜末 1 小匙
胡椒 1/3 小匙
鹽巴 1/4 小匙

辣醬
釀造醬油 1 大匙
辣椒醬 2 大匙
紅辣椒 1 大匙
糖漬蘋果汁 4 大匙
蘋果汁 1/3 杯（80 毫升）
糖漿 1 大匙
蒜末 1 小匙

簡易食譜
⊖ 可省略食材
　糯米粉、蘋果汁

⊕ 可替換食材
　糖漬蘋果汁→糖漬
　梅子汁、砂糖
　紅辣椒→辣椒粉
　料理酒→清酒、
　燒酒
　糖漿→砂糖、果糖、
　玉米糖漿

作法
1 雞翅先用粗鹽搓一搓，再用自來水把鹽沖掉。
2 將洗乾淨的雞翅跟調味醬拌在一起。（圖 1）
3 將糯米粉、酥炸粉、水拌在一起製成麵衣。
4 雞翅裹上麵衣後油炸。（圖 2）
5 辣醬的材料放入湯鍋中，熬煮至黏稠狀。（圖 3）
6 把煮好的辣醬跟炸好的雞翅拌在一起裝盤。

TIPS
⊕ 切一點碎花生撒上去更香。

料理技巧
燉煮

難易度 ★★★
料理時間 1小時30分鐘
分量 2～3人份

營養滿分讓你元氣滿滿

雞肉粥

食材

雞 1 隻、粗鹽 1 ～ 2 大匙、米 1 杯半、綠豆 1/2 杯、蒜頭 1 杯、大蔥 1/2 根、鹽巴 1 小匙、麻油 1 小匙、水 10 杯

作法

1 先把米跟綠豆洗好,浸泡 1 ～ 2 小時。

2 把雞屁股跟多餘的脂肪清除乾淨,用粗鹽搓過後再用自來水沖洗。

3 將水、雞、大蔥、蒜頭放入湯鍋,熬煮 30 ～ 40 分鐘。

4 雞煮熟後就撈出來,雞肉剝下來撕成適當的大小,再加麻油和鹽巴調味。

5 把米和綠豆倒入剛才煮雞的雞湯中,邊攪拌邊煮至米粒完全吸水膨脹,如果湯汁變少就加點水繼續煮。

6 等米粒和綠豆都膨脹到適當的大小後,就把雞肉加進去,再稍微滾一下就完成了。

TIPS

⊕ 可用湯醬油或鹽巴搭配。

簡易食譜

⊖ **可省略食材** 綠豆

⊙ **可替換食材** 綠豆→糯米

料理技巧
燉煮

難易度 ★★★
料理時間 1小時30分鐘
分量 2～3人份

滋補的聖品

蔘雞湯

食材

雞 1 隻、粗鹽 1 ～ 2 大匙、水蔘 2 ～ 3 根、糯米 1 杯、紅棗 3 ～ 4 個、剝了皮的栗子 4 ～ 5 個、蒜頭 6 個、水 7 杯半、鹽巴 1/3 小匙、胡椒粉 1/4 小匙

作法

1 糯米先洗乾淨,浸泡 1 小時左右。

2 將雞翅的末端和雞屁股切掉,把脂肪洗乾淨之後用粗鹽搓一搓,再以自來水沖乾淨。

3 在處理乾淨的雞肚子裡塞進泡好的糯米、蒜頭、栗子、紅棗、水蔘,除了糯米之外,其他的食材只要塞進準備分量的一半,剩下的分量先放著。

4 在其中一隻雞腿的皮上挖個洞,將另一隻雞腿穿過那個洞,讓兩隻雞腿交叉成 X 形。

5 將雞、水、剩下的一半食材裝進湯鍋中,燉煮 1 小時左右,同時將浮到表面上的油脂撈乾淨。

6 搭配鹽巴和胡椒一起端上桌享用。

TIPS

⊕ 蔘雞湯裡滋補用的食材可依照個人喜好挑選。

簡易食譜

⊙ **可替換食材** 水蔘→人蔘

豬肉

 不同部位用不同的料理方式，豬肉更美味

脂肪較少、較嫩的腰內肉跟里肌肉主要用於炸豬排、烤肉、醃漬、糖醋肉等料理。瘦肉和脂肪比例適中的豬頸肉，則適合做成鹽烤、生菜包肉、調味烤肉。便宜的豬腳肉會切成薄片，主要用於辣炒豬肉、烤肉、鍋類料理。而烤肉時最常吃的五花肉，也會用來做東坡肉或生菜包肉，口感好的排骨則會做成調味排骨、燉排骨、肋排來吃。鹽烤常用的橫膈膜肉、松坂豬，則是真正的豬肉愛好者們最喜歡的部位。

挑選方式

請挑選呈塊鮮紅色，脂肪為白色，帶著光澤且紋理清楚、有彈性的肉。

保存方式

馬上要吃的就冷藏，要放一、兩天的則是冷凍較佳。但即使是冷凍，也建議不要放好幾個月再吃。

RECIPE 1	RECIPE 2	RECIPE 3	RECIPE 4	RECIPE 5
豆芽菜烤豬肉	豬頸泡菜鍋	醬汁碎肉豬排	生菜包豬肉	蘋果烤豬頸肉

 簡稱「豆烤豬」

豆芽菜烤豬肉

食材

烤肉用豬肉 500 克
洋蔥 1/2 個
黃豆芽 300 克
芝麻 1/2 小匙
粗鹽 1/3 小匙

烤肉醬

辣椒醬 2 大匙
辣椒粉 2 大匙
細辣椒粉 1 大匙
釀造醬油 1 大匙
清酒 1 大匙
料理酒 1 大匙
梅子汁 2 大匙
蒜末 1 大匙
生薑汁 1/2 小匙
蘋果汁 2 大匙
大蔥 1/3 根
青陽辣椒 3 個

作法

1　豬肉用廚房紙巾包起來把血水吸乾。將洋蔥切絲。（圖 1）

2　把烤肉醬調好，再將豬肉和洋蔥泡進去醃。

3　黃豆芽洗乾淨，加鹽巴煮 3 分鐘後放涼。

4　把醃好的豬肉倒入平底鍋，以大火快炒。（圖 2）

5　肉炒熟了就加入燙好的黃豆芽一起炒。（圖 3）

6　加蔥和青陽辣椒，再稍微翻炒一下，最後撒上芝麻。（圖 4）

TIPS

➕ 把黃豆芽、豬肉和所有蔬菜一起泡進烤肉醬裡醃過再炒更簡單。

簡易食譜

➖ **可省略食材** 生薑汁
➡ **可替換食材** 蘋果汁→砂糖、果糖、蜂蜜
　　　　　　　　生薑汁→生薑粉

 煮越久越好吃

豬頸泡菜鍋

食材

豬肉（豬頸肉）400 克
老泡菜 1 瓣
酸的芥菜泡菜 1 瓣
昆布湯＊4 杯
蒜末 1 大匙
橄欖油 2 大匙
料理酒 2 大匙
清酒 2 大匙
大蔥 1/2 根
蝦醬 1 小匙

作法

1 豬肉血水吸乾後切成適當的大小，用橄欖油、蒜末、清酒、料理酒醃。（圖 1）

2 老泡菜與芥菜泡菜切成適當的大小。（圖 2）

3 將醃好的豬肉放入鍋中炒一下。

4 豬肉炒熟後放入泡菜再炒一次。（圖 3）

5 倒入昆布湯，煮至沸騰後加入蝦醬調味。

6 最後大蔥切好放進去，再滾一下就完成了。（圖 4）

TIPS

➕ 用蝦醬調味更鮮甜。

➕ 沒有酸的芥菜泡菜，也可以在泡菜裡加點醋，如果泡菜太酸，可以放點砂糖或是洋蔥汁進去。

＊ 請參考第 307 頁。

簡易食譜

➖ **可省略食材**
芥菜泡菜

➡ **可替換食材**
昆布湯→水、
洗米水
豬頸肉→前腿肉、
五花肉、豬里肌

跟各色蔬菜一起吃

醬汁碎肉豬排

食材

豬腰內肉 300 克
黃甜椒 1/2 個
紅甜椒 1/2 個
洋蔥 1/2 個
大蔥 1/3 根
蒜末 1 大匙
橄欖油 3 大匙
鹽巴 1/3 小匙
胡椒少許

醬汁

市售牛排醬 3 大匙
番茄醬 3 大匙
蠔油 1 大匙
蜂蜜 1 大匙
梨子汁 2 大匙

作法

1 清除豬肉的血水後切成適當大小,再以橄欖油、鹽巴和胡椒調味。(圖 1)

2 將甜椒、洋蔥與大蔥切成和豬肉相似的大小。(圖 2)

3 牛排醬、番茄醬、蠔油、蜂蜜、梨子汁倒入鍋中煮至沸騰。

4 平底鍋熱好後倒入蒜末與豬肉,再以大火快炒。(圖 3)

5 肉炒熟到一定程度後,加入甜椒、洋蔥、大蔥繼續快炒。

6 倒入醬汁邊炒邊煮,讓醬汁稍微收一下就完成了。(圖 4)

TIPS

➕ 也可以用冰箱裡剩餘分量不多的蔬菜,當作這道料理的食材。

簡易食譜

➖ **可省略食材**
梨子汁

➡ **可替換食材**
腰內肉→豬里肌、
脂肪較少的部位
蠔油→釀造醬油
梨子汁→蘋果汁

料理技巧
水煮

難易度 ★★
料理時間 1小時
分量 2～3人份

料理技巧
烤

難易度 ★★
料理時間 30分鐘
分量 2～3人份

鮮嫩柔軟

生菜包豬肉

食材

豬前腿肉 400 克、大白菜葉 8 片

煮豬肉的材料 蒜頭 2 顆、月桂葉 3 片、大蔥
1 根、洋蔥 1 個、蘋果 1 個、青陽辣椒 2 個、
大醬 1 大匙、清酒 3 大匙、胡椒粒 5 個、蔥根
少許、水 4 杯、生薑汁 1/2 小匙

作法

1 豬肉泡水將血水去乾淨。

2 煮豬肉的材料放入湯鍋,放入豬肉後
   用大火煮。

3 水沸騰後轉為中火,繼續煮至少 30
   分鐘。

4 豬肉煮熟後將肉撈出,在蒸盤上鋪 4
   片白菜葉,並把煮好的豬肉放在上面,
   然後將剩下 4 片白菜葉蓋上去,蒸 10
   分鐘左右。

5 將豬肉切成方便入口的大小,配蝦醬
   或是包飯醬一起吃。

TIPS

➕ 豬肉包在白菜裡面蒸,這樣就算肉冷掉也
   還是能維持軟嫩的口感。

➕ 用跟肉一起蒸的白菜包肉來吃最美味。

加了蘋果更甜

蘋果烤豬頸肉

食材

豬頸肉 600 克、蘋果 1 個、奶油 1 大匙、萵苣
3 片

燉煮醬汁 蘋果 1 個、檸檬 1 個、大蔥 1 根、
水 1 杯、料理酒 1 杯、釀造醬油 1 杯、蒜頭 6
顆、青陽辣椒 6 顆、胡椒粒 5 粒、蜂蜜 1/2 杯

作法

1 將醬汁材料切成適當的大小,裝進湯
   鍋裡開大火煮,沸騰後再轉為中火繼
   續燉煮,煮至湯汁剩下原本的一半。

2 豬肉血水去乾淨後,切成方便入口的
   薄片。

3 蘋果籽挖掉後切成薄片。

4 奶油抹在熱好的平底鍋上,豬肉和蘋
   果一起放上去烤。

5 倒入醬汁燉煮,讓豬肉和蘋果充分
   吸收。

6 將萵苣葉鋪在盤子上,並把烤好的食
   材放上去。

TIPS

➕ 燉煮醬汁分量可以做多一點,當成調味醬
   油或是肉的調味醬使用。

➕ 檸檬可以用蘇打洗過,並用滾水稍微燙一
   下再切成薄片,把檸檬籽挖掉以後配著吃。

簡易食譜

➖ **可省略食材** 蔥根、月桂葉

➔ **可替換食材** 前腿肉→豬頸肉、豬五花、後
   腿肉 ∣ 大醬→即溶咖啡

簡易食譜

➖ **可省略食材** 檸檬

➔ **可替換食材** 蜂蜜→果糖、糖漿

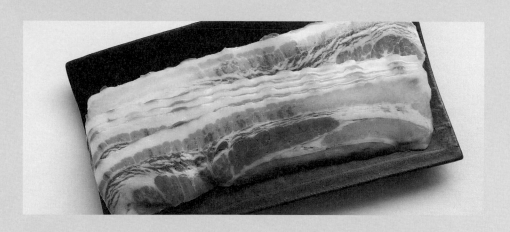

培根

🔍 有時候就是嘴饞

培根很貴,而且有時候看到原料裡面寫著亞硝酸鹽、硝酸鉀之類,看起來對身體絕對很不好的合成添加物,會讓人覺得到底幹嘛要花大錢買這種食物。不過人生在世,怎麼可能只吃對身體有益的東西呢,偶爾也要讓嘴巴吃點美食啦!我想媽媽們應該也差不多跟培根妥協了,應該要跟對身體好但小孩討厭的食物一起搭著吃,培根可以說是魚餌吧。

🍲 處理方式

一定要燙過之後用水洗一洗再拿來料理。

🛒 保存方式

通常是冷藏保存,如果要放久一點,可以一條一條包起來,或是捲一捲裝進密封容器裡冷凍。

RECIPE 1	RECIPE 2	RECIPE 3	RECIPE 4	RECIPE 5
培根蒜苗捲	培根餐包三明治	煎蛋飯捲	培根炒番茄	奶油培根義大利麵

料理技巧
烤

難易度 ★★
料理時間 30分鐘
分量 2人份

 方便簡單的下酒菜

培根蒜苗捲

食材
蒜苗 80 克
培根 110 克
鹽巴 1/2 小匙

作法

1 先把蒜苗的底部切掉，洗乾淨之後切成和培根一樣的寬度。(圖 1)

2 蒜苗用加了鹽的滾水燙一下。

3 培根一片上放 5～6 根蒜苗，然後捲起來。(圖 2)

4 用平底鍋乾煎，培根的開口處要朝下。

5 一邊翻一邊煎，直到培根變成金黃色。(圖 3)

TIPS

➕ 因為培根很鹹，所以蒜苗可以不必另外調味。

料理技巧
拌

難易度 ★
料理時間 20分鐘
分量 2人份

能代替正餐的飽足感

培根餐包三明治

食材
餐包 4 個
培根 100 克
切片起司 4 片
高麗菜＋紫高麗菜＋
菊苣 2 杯
市售蒜香檸檬醬 3 大匙
糖漬蘋果汁 1 大匙

簡易食譜
⊖ **可省略食材**
　紫高麗菜、菊苣

⊕ **可替換食材**
　糖漬蘋果汁→糖漬
　梅子汁、果糖、砂
　糖
　蒜香檸檬醬→美乃滋
　餐包→吐司麵包
　高麗菜→洋蔥

作法
1 將培根快速乾煎一下，再用廚房紙巾把油吸掉。
2 把高麗菜和紫高麗菜切絲，菊苣切成方便食用的大小。
　（圖 1）
3 蒜香檸檬醬跟糖漬蘋果汁攪拌混合做成醬汁。
4 把餐包切半，鋪上切片起司、蔬菜、培根。
5 吃之前再淋上醬料。

TIPS
⊕ 也可以搭配各種果醬或奶油乳酪。
⊕ 可以直接用冰箱裡有的菜，或是依照個人喜好挑選其他蔬菜。

❶

料理技巧
煎烤

難易度 ★★
料理時間 30分鐘
分量 1人份

比飯捲更獨特

煎蛋飯捲

準備食材
飯 1 碗半
培根 100 克
切碎的蒜苗 3 大匙
鹽巴 1/3 小匙
沙拉油 1 大匙
蛋皮
雞蛋 1 顆
蛋黃 3 個
料理酒 1/2 小匙

作法
1 將蒜苗燙過後跟培根一起切碎。
2 將沙拉油倒入平底鍋，蒜苗和培根加進去炒。
3 然後把加入飯去炒，再加鹽調味。（圖 1）
4 弄成長條型的飯糰。
5 將雞蛋、蛋黃和料理酒拌勻調成蛋汁。
6 在平底鍋裡倒一點油，兩匙兩匙地將蛋汁加進去，讓蛋汁鋪滿整個平底鍋煎成蛋皮，然後將飯糰放上去，再把蛋皮捲起來。（圖 2）

TIPS
➕ 在飯裡面加點泡菜也很好吃。

簡易食譜
➖ **可省略食材**
蒜苗
➡ **可替換食材**
料理酒→麻油

料理技巧
炒

難易度 ★★
料理時間 30分鐘
分量 1～2人份

料理技巧
燉煮

難易度 ★
料理時間 20分鐘
分量 1人份

加點四季豆口感更好

培根炒番茄

食材
培根 5 片、全熟番茄 3 顆、四季豆一把、燙豆
子的鹽巴 1/2 小匙、洋蔥 1/2 個、甜椒 1/2
個、鹽巴 1/2 小匙、胡椒 1/4 小匙

作法
1 全熟番茄用滾水燙過後將皮剝掉。
2 四季豆用加了鹽的滾水燙一下。
3 洋蔥和甜椒切成圈狀，番茄和培根則
   切成適當的大小。
4 用熱好的平底鍋乾炒培根，然後再加
   入洋蔥和甜椒一起炒。
5 加入番茄一起炒，再用鹽巴和胡椒調
   味，最後加入四季豆。
6 關火後再簡單翻炒一下就完成了。

TIPS
➕ 四季豆要用鹽水燙一下，咀嚼的口感才
   會好。

簡易食譜
➡ **可替換食材** 四季豆→綠花椰菜

超簡單奶油白醬

奶油培根義大利麵

食材
義大利麵條 90 克、煮麵用的鹽巴 1/2 小匙、
培根 4 片、洋蔥 1/3 個、洋菇 5 個、蒜頭
3 顆、橄欖油 3 大匙、鹽巴 1/3 小匙、胡椒
1/4 小匙
奶油白醬 牛奶 2/3 杯、鮮奶油 1/3 杯、帕馬
森起司粉 1 大匙

作法
1 洋菇、洋蔥、蒜頭切成片，培根切成
   方便食用的大小。
2 先把奶油白醬的材料拌在一起。
3 湯鍋裝水加鹽巴後拿去煮，等水滾了
   再放入麵條，煮 7 ～ 8 分鐘。
4 橄欖油倒入預熱好的平底鍋，先把蒜
   頭和洋蔥放進去炒香。
5 接著加入洋菇和培根炒，最後再倒入
   奶油白醬的材料。
6 等白醬沸騰冒泡後，把煮好的麵條放
   入拌炒，最後加鹽巴和胡椒調味。

簡易食譜
➖ **可省略食材** 洋菇、帕馬森起司粉、鮮奶油
➡ **可替換食材** 鮮奶油→奶油｜帕馬森起司粉
   →切片起司

牛肉

 牛肉油花的好壞標準是什麼？

牛肉的等級是依照被稱作油花的肌內脂肪、肉的色澤、脂肪的顏色、熟成度，區分成 1++、1+、1、2、3 五個等級，但是等級並不能完全代表營養成分的含量與美味標準。尤其是目前油花越多等級就越高的牛肉分級標準，其實會造成一般人花大錢卻吃到對身體不太好的牛肉。合理的方式，應該是仿效生協這種機構的販售方式，在肉上標示等級但卻採取統一價格，讓消費者能夠挑選自己想要的牛肉。

 挑選方式

請挑選肉質呈現鮮紅色，脂肪為白色，肉的紋理又長又細的牛肉。

 處理方式

冷藏保存的牛肉要用冷水漂洗或浸泡，然後再用廚房紙巾慢慢把血水吸乾。冷凍保存的牛肉，則要先放在冰箱解凍再來處理。

保存方式

2～4 天以內要吃掉的請冷藏，冷凍保存的話請盡量在 1～2 個月內吃掉。

RECIPE 1	RECIPE 2	RECIPE 3	RECIPE 4	RECIPE 5
烤肉排	牛肉海帶湯	牛骨湯	燉牛排骨	牛排

料理技巧
烤

難易度 ★★
料理時間 40分鐘
分量 2人份

香氣十足的爽口肉排

烤肉排

食材

牛肉（牛臀肉）400 克
烤肉調味醬
湯醬油 1 小匙
釀造醬油 2 大匙
洋蔥汁 1/2 杯
梅子汁 1 大匙
梨子汁 1 大匙
清酒 1 大匙
麻油 1 小匙
蒜末 1 大匙
碎蔥 2 大匙
砂糖 1 小匙
芝麻鹽 1 小匙
胡椒 1/4 小匙

作法

1 事先把牛肉的血水去乾淨。（圖 1）

2 烤肉調味醬先調好，再把牛肉浸泡在調味醬裡 1 個小時，待肉入味。（圖 2）

3 醃好的肉放入平底鍋中，用大火炒到湯汁收乾為止。（圖 3）

TIPS

➕ 牛肉用冷水洗過後，再用廚房紙巾厚厚地包起來，放進冰箱冷藏室裡一個晚上，就可以把血水去乾淨了。

➕ 可以用刨絲板或攪拌機，把梨子跟洋蔥打碎來代替梨子汁和洋蔥汁。

簡易食譜

➖ 可省略食材
　梨子汁

➕ 可替換食材
　梅子汁→砂糖
　清酒→料理酒、
　燒酒

補充鐵質，營養滿滿

牛肉海帶湯

食材

牛肉（牛胸肉）200 克
乾海帶 30 克
水 6 杯
麻油 1 大匙
湯醬油 2 大匙
蒜末 1 小匙
適量的鹽

作法

1 將乾海帶泡水，並用手搓洗乾淨。

2 將已經去血水的牛肉切成適當大小。

3 將麻油倒入湯鍋中，並把牛肉加進去炒一炒。（圖 1）

4 接著加進海帶一起炒，然後再加水煮。（圖 2）

5 最後加入蒜末和湯醬油調味，再多滾一下就完成了。如果
　覺得味道不夠，可以再用鹽巴調味。（圖 3）

TIPS

⊕ 除了牛肉之外，鯷魚、蛤蜊湯等海鮮，或是蔬菜湯也都可以用來
　煮海帶湯。

簡易食譜

⊖ **可省略食材**
　蒜末

⊙ **可替換食材**
　麻油→紫蘇油

❶

❷

❸

補充元氣的營養料理

牛骨湯

食材
牛腿骨 1.2 公斤
牛腱 600 克
水 5 公升
蘿蔔 1/2 根
月桂葉 5 片
碎大蔥 1 大匙
鹽巴適量
胡椒 1/4 小匙

作法

1　先將牛骨和牛腱去血水。（圖 1）

2　將牛骨和牛腱放入較深的湯鍋，倒水進去熬煮。

3　沸騰後就把水倒掉，然後用冷水清洗牛骨跟牛腱。

4　接著將牛骨、牛腱、蘿蔔、月桂葉放入湯鍋，倒入 3 公升的水熬煮。（圖 2）

5　將沸騰後浮起的泡沫和油脂撈掉，再倒入 2 公升水繼續煮。

6　用中火燉煮 5 小時，但中途要記得把牛腱撈起來切成薄片。（圖 3）

7　把煮好的牛骨湯在冰箱裡冰一晚，再用濾網過濾，或直接將多餘的油撈起。

8　最後在牛骨湯裡放入牛腱切片、碎大蔥，再用鹽巴和胡椒調味。

TIPS
➕ 去血水時水要換至少 3 ～ 4 次。
➕ 可依照個人喜好加冬粉。

簡易食譜

➖ **可省略食材**
　月桂葉

➡ **可替換食材**
　蘿蔔→大蔥、
　蔥根、洋蔥
　胡椒→辣椒粉

料理技巧
燉煮

難易度 ★★★
料理時間 60分鐘
分量 2～3人份

肉在嘴裡融化

燉牛排骨

食材

牛排骨 1 公斤、乾香菇 5 個、紅蘿蔔 1/3 根、蘿蔔 1/4 根、洋蔥 1 個、生薑 1 個、栗子 5 個、紅棗 3 ～ 4 個、大蔥 1/3 根、月桂葉 2 片、清酒 2 大匙

醬料 釀造醬油 6 大匙、梨子汁 1/3 杯、洋蔥汁 1/2 杯、蒜末 2 大匙、乾奇異果 2 大匙、梅子汁 1 大匙、清酒 2 大匙、麻油 1 小匙、胡椒 1/2 小匙

作法

1 先去除牛排骨多餘的油脂，血水也去乾淨，這過程中水要換 3 ～ 4 次。

2 血水去乾淨之後，就將排骨、月桂葉、清酒、生薑、洋蔥一起煮熟。

3 再用準備好的材料調成醬料。

4 煮熟的排骨用水沖洗後再泡進醬料中。

5 把乾香菇泡水後切一切，蘿蔔大塊大塊切開，紅蘿蔔則切成跟栗子一樣的大小。

6 將排骨、蘿蔔、紅蘿蔔、香菇、栗子、紅棗放入湯鍋中煮。

7 等排骨肉變軟後就加進大蔥。

TIPS

➕ 可以把洋蔥、梨子磨碎代替洋蔥汁和梨子汁。

➕ 奇異果可以讓肉變嫩。

簡易食譜

➖ **可省略食材** 月桂葉、紅棗、栗子、梨子汁、奇異果

🔄 **可替換食材** 奇異果→鳳梨｜乾香菇→香菇 清酒→燒酒、料理酒｜梅子汁→砂糖

料理技巧
煎

難易度 ★★★
料理時間 50分鐘
分量 1人份

鮮嫩多汁

牛排

食材

牛肉（里肌）200 克、洋菇 3 個、蒜頭 2 個、沙拉油 1 大匙、鹽巴 1/3 小匙、胡椒 1/4 小匙

醃肉 橄欖油 1 大匙、迷迭香適量、鹽巴 1/2 小匙、胡椒 1/4 小匙

作法

1 將牛肉用廚房紙巾去除血水之後再醃漬。

2 把洋菇對半切，蒜頭切片。

3 沙拉油倒入平底鍋中，放入洋菇和蒜頭，再撒上鹽巴與胡椒煎至金黃色。

4 待平底鍋完全燒熱之後，再將牛肉放上去煎 2 ～ 3 分鐘。

5 如果肉的湯汁滲出來就翻面煎 2 ～ 3 分鐘，然後再翻面煎 3 分鐘。

6 將牛排裝盤，最後放上洋菇和蒜頭裝飾。

TIPS

➕ 用烤盤烤牛肉看起來會更好吃。

➕ 調味可以淡一點，然後再淋牛排醬。

簡易食譜

➖ **可省略食材** 迷迭香

🔄 **可替換食材** 洋菇→所有菇類

蛤蜊

最好的天然調味料

蛤蜊不僅能做湯料理,更能做煎餅、涼拌、辣拌,是能為各種食物增添鮮甜美味的食材。在冰箱冷凍庫裡放點去了殼的蛤蜊方便又經濟實惠,而冷藏過後的帶殼蛤蜊更是美味。其中更含有對肝有益的牛磺酸、鈣、鐵、磷、鎂等,優良的蛋白質與低卡路里更是適合減肥的食物。不過因為性寒,所以最好搭配性熱的韭菜一起吃。

挑選方式

每年夏季產卵期之前的 3 月至 5 月,蛤蜊會吸收大量海中的營養,所以這時候可以買到最美味的蛤蜊。此時的蛤蜊營養豐富、肉質肥美。挑選的時候可看外殼,沒有傷口、沒有碎裂,緊密閉合的表示非常新鮮。

處理方式

泡在濃鹽水中(水 1 公升 + 粗鹽 1 大匙),用黑色塑膠袋包起來,放在陰涼的地方 3 小時讓蛤蜊吐沙。如果多放一支銅湯匙進去,就可以把吐沙的時間縮短到 1 小時左右。

保存方式

吐完沙的蛤蜊,可以用加了清酒的水或是洗米水煮熟,把肉挖出來之後冷凍保存。燙蛤蜊的水也可以冷凍起來,這樣緊急時刻就能派上用場。

RECIPE 1	RECIPE 2	RECIPE 3	RECIPE 4	RECIPE 5
清蒸蛤蜊	蛤蜊湯	蛤蜊拌飯	生拌蛤蜊	蛤蜊大醬鍋

加了番茄連後味都開胃

清蒸蛤蜊

食材

蛤蜊 300 克
吐沙用鹽巴 1 大匙
芹菜 50 克
番茄 2 顆
橄欖油 2 大匙
蒜末 1 大匙
蛤蜊湯 2 大匙
鹽巴 1/3 小匙

作法

1 先將蛤蜊泡進濃鹽水中，用黑色塑膠袋包起來放 1 小時吐沙。

2 將芹菜和番茄切成方便食用的大小。

3 將橄欖油倒入平底鍋中，放入蒜末爆香。（圖 1）

4 蛤蜊先炒一下，然後再放入芹菜和番茄一起炒。（圖 2）

5 倒入蛤蜊湯再繼續炒，接著把與果肉分離的番茄皮撈出來。（圖 3）

6 最後用鹽巴調味後就完成了。

TIPS

➕ 含鐵量高的蛤蜊，搭配像番茄這種維生素 C 豐富的蔬菜一起吃，可以幫助鐵質吸收。

➕ 用 2 杯水配 2/3 杯蛤蜊肉的比例熬煮一會就能做出蛤蜊湯。

簡易食譜

➖ **可省略食材**
芹菜

➡ **可替換食材**
橄欖油→沙拉油

料理技巧
燉煮

難易度 ★★
料理時間 30分鐘
分量 2～3人份

爽口的湯絕品美味

蛤蜊湯

食材
蛤蜊 300 克
吐沙用鹽巴 1 大匙
水 3 杯（600 毫升）
料理酒 1 大匙
碎大蔥 1/2 大匙
鹽巴 1/3 小匙

作法
1 蛤蜊泡進濃鹽水中，用黑色塑膠袋包起來吐沙 1 小時。
2 水倒入湯鍋裡，放入蛤蜊熬煮。（圖 1）
3 倒入料理酒，一邊滾一邊撈起浮在水面上的泡沫。
4 稍微滾一下後，加入切碎的大蔥和鹽巴就完成了。

TIPS
➕ 蛤蜊煮越久肉質越老，請多注意。
➕ 如果希望有點辣味的話，可以加點青陽辣椒。

簡易食譜
➖ **可省略食材**
　無鹽奶油
➡ **可替換食材**
　料理酒→清酒、
　燒酒
　大蔥→韭菜

❶

料理技巧
拌

難易度 ★★
料理時間 30分鐘
分量 1人份

嚼勁十足的蛤蠣肉

蛤蜊拌飯

食材

飯 1 碗
蛤蜊 300 克
料理酒 1 大匙
紫高麗菜絲 1/2 杯
高麗菜絲 1/2 杯
菊苣絲 1/3 杯

蛤蜊湯
辣椒醬 1 大匙半
梅子汁 1 大匙
芝麻鹽 1/2 小匙
蒜末 1/2 小匙
麻油 1/3 小匙

簡易食譜

➖ **可省略食材**
紫高麗菜

➡ **可替換食材**
梅子汁→砂糖
菊苣→芝麻葉

作法

1 用加了料理酒的滾水燙蛤蜊，燙熟後把蛤蜊肉挖出。（圖 1）

2 用準備好的材料把醬料調好。（圖 2）

3 將蛤蜊肉、切絲的蔬菜裝在一起，加入醬料拌勻。

4 把拌好醬的涼拌蛤蜊舖在白飯上。

TIPS

➕ 燙過蛤蜊的水不要倒掉，加點鹽調味，再放大蔥或是韭菜就可以當湯配著喝了。

❶  ❷

料理技巧 **拌**

難易度 ★★
料理時間 30分鐘
分量 2人份

又甜又辣讓你食指大動

生拌蛤蜊

食材

蛤蜊肉 200 克、黃瓜 1/2 根、洋蔥 1/2 個、紅蘿蔔 1/4 根、青陽辣椒 1 個、芝麻葉 5 片、月桂葉 2 片、清酒 1 大匙

辣椒沾醬 辣椒醬 2 大匙、醋 1 大匙、蒜末 1 小匙、碎蔥 1/2 小匙、辣椒粉 1/2 小匙、梅子汁 1 小匙、檸檬汁 1/3 小匙、砂糖 1/2 小匙、生薑汁少許

作法

1 用稀鹽水清洗蛤肉,再用加了清酒和月桂葉的滾水稍微燙一下。

2 用準備好的材料調成辣椒沾醬。

3 將黃瓜、洋蔥、紅蘿蔔、青陽辣椒、芝麻葉切絲。

4 燙過的蛤蜊肉與切絲的蔬菜裝一起,再加入醬料拌勻。

TIPS

➕ 醋的分量可依照個人喜好增減。

簡易食譜

➖ **可省略食材** 月桂葉、檸檬汁、青陽辣椒、生薑汁

🔄 **可替換食材** 清酒→料理酒｜梅子汁→砂糖

料理技巧 **燉煮**

難易度 ★★
料理時間 20分鐘
分量 2～3人份

天生絕配的大醬與蛤蜊

蛤蜊大醬鍋

食材

蛤蜊 100 克、豆腐 1/2 塊、櫛瓜 1/3 條、青陽辣椒 1 個、秀珍菇一把、蘿蔔 1/2 杯、昆布水＊ 2 杯半、大醬 2 大匙、辣椒粉 1 小匙、蒜末 1 小匙、大蔥 1/2 根

作法

1 蛤蜊泡進濃鹽水中,用黑色塑膠袋包起來放一個小時吐沙。

2 蔬菜和秀珍菇切成方便食用的大小。

3 昆布水倒入湯鍋中,把大醬泡開後加入辣椒粉和蘿蔔熬煮。

4 等蘿蔔煮熟,就加入豆腐、櫛瓜、香菇、蒜末繼續煮。

5 湯煮滾後加入蛤蜊和青陽辣椒,再稍微滾一下,然後把蔥加進去就完成了。

TIPS

➕ 可以配合大醬的鹹度加鹽巴或湯醬油調味。
＊ 請參考第 270 頁的 TIPS。

簡易食譜

➖ **可省略食材** 青陽辣椒、蘿蔔

🔄 **可替換食材** 昆布水→洗米水

魷魚

🔍 非凡的美味與營養

除了大醬、南瓜之外,另一個會被用來形容一個人長得很醜的食物就是魷魚,但如果想成為擁有健康美的人,那高蛋白低熱量的魷魚絕對不可或缺。魷魚擁有能幫助肝臟解毒、改善血管疾病的牛磺酸,Omega3 脂肪酸的成分也能夠預防心臟疾病,抗氧化物質硒則可以預防成人病與老化,除此之外還十分美味。在古文獻〈茲山魚譜〉中,形容魷魚可以製成口感柔嫩的魷魚片或曬成魷魚乾,〈文宗實錄〉中也記載,明朝使臣抵達朝鮮後,最想吃的海鮮便是魷魚。

👆 挑選方式

請挑選身體呈現深褐色,眼睛明亮外凸,吸盤還完整跟身體連在一起的魷魚。

🍲 處理方式

把內臟挖乾淨,並將身體中間的骨頭拉出來。接著把魷魚的嘴跟眼睛挖掉之後,以粗鹽將吸盤和皮搓掉。

🧺 保存方式

處理好洗乾淨之後,一條一條裝好冷凍。

RECIPE 1	RECIPE 2	RECIPE 3	RECIPE 4	RECIPE 5
魷魚蓋飯	烤魷魚	魷魚韭菜辣生魚片	魷魚鍋	魷魚泡菜煎餅

料理技巧
炒

難易度 ★★★
料理時間 30分鐘
分量 2人份

豐盛又飽足的一餐

魷魚蓋飯

食材

白飯 1 碗半
魷魚 1 條
高麗菜 2 片
洋蔥 1 個
鴻喜菇 2 把
青陽辣椒 1 ～ 2 個
韭菜少許
沙拉油 1 大匙

醬料

辣椒粉 1 大匙
辣椒醬 1 小匙
蒜末 1 大匙
釀造醬油 1 大匙
生薑汁 1/2 小匙
梅子汁 1 小匙
料理酒 1 大匙
砂糖 1/2 小匙
麻油 1/2 小匙
芝麻鹽 1/2 小匙

作法

1　先將魷魚處理過後洗乾淨，切成方便食用的大小。（圖 1）

2　將高麗菜、洋蔥、韭菜、青陽辣椒切成適當的大小，鴻喜菇用手撕開。（圖 2）

3　沙拉油倒入平底鍋，加入蒜末、辣椒粉、辣椒醬去炒，注意不要燒焦。（圖 3）

4　加入魷魚炒一下，然後再把剩下的醬料材料加進去炒。（圖 4）

5　加入高麗菜、洋蔥、鴻喜菇和青陽辣椒一起炒。（圖 5）

6　加入韭菜和芝麻鹽，快炒一下關火。（圖 6）

7　最後用盤子裝白飯，然後再把做好的辣炒魷魚鋪上去即完成。

TIPS

⊕ 魷魚也可以先跟醬料拌在一起之後再炒。

簡易食譜

⊖ **可省略食材** 鴻喜菇

⊙ **可替換食材** 梅子汁→砂糖｜料理酒→清酒｜生薑汁→生薑粉
　　　　　　　　鴻喜菇→平菇｜韭菜→蔥

難易度 ★★★
料理時間 40分鐘
分量 2人份

🍲 用看的就令人口水直流

烤魷魚

食材
魷魚 1 條
沙拉油 1 大匙

醬料
蒜末 1 小匙
辣椒醬 1 小匙
辣椒粉 1 小匙
韓國辣椒醬 1 小匙
生薑汁 1/2 小匙
麻油 1/2 小匙
芝麻 1/2 小匙
梅子汁 1 小匙

作法

1 先將魷魚洗乾淨、處理好，切下約 2/3 的身體。（圖 1）

2 用準備好的材料把醬料調好。（圖 2）

3 將沙拉油倒入平底鍋，用大火把魷魚均勻烤熟。（圖 3）

4 最後轉為中火，然後替魷魚抹上醬料再繼續烤，注意不要烤焦。（圖 4）

TIPS

➕ 一開始用大火烤，抹上醬料後則要轉為中火，這樣才不會焦掉。

簡易食譜

➖ **可省略食材**
生薑汁、辣椒醬

➡ **可替換食材**
生薑汁→生薑粉
梅子汁→砂糖

用韭菜綁起來更美味

魷魚韭菜辣生魚片

食材

魷魚 1 條
韭菜 1 把
燙韭菜的鹽巴 1/3 小匙
料理酒 1 大匙
粗鹽 1/2 大匙

醋辣醬

辣椒醬 1 大匙
醋 1 大匙
梅子汁 1/2 小匙
蒜末 1/3 小匙
芝麻鹽 1/2 小匙
黃芥末 1/3 小匙
砂糖 1/3 小匙

簡易食譜

⊖ **可省略食材**
　黃芥末

⊙ **可替換食材**
　梅子汁→砂糖
　韭菜→小蔥、細蔥
　料理酒→清酒、
　燒酒

作法

1　用粗鹽把魷魚皮搓掉，然後翻面在內側劃幾刀。（圖 1）

2　用加了料理酒的滾水，汆燙切成適當大小的魷魚。（圖 1）

3　韭菜用加了鹽的滾水燙一下，然後再把水分完全瀝乾。
　　（圖 1）

4　用準備好的材料調成醋辣醬。

5　將魷魚折成一口大小，再用韭菜綁起來。（圖 2）

TIPS

⊕ 可以用牙籤或是筷子，把韭菜末端塞進韭菜跟魷魚之間的空隙，
　這樣就比較不會散開。

❶

❷

料理技巧
燉煮

難易度 ★★
料理時間 20分鐘
分量 2～3人份

料理技巧
煎

難易度 ★★
料理時間 30分鐘
分量 2人份

甜辣湯頭擄獲你的味蕾

魷魚鍋

食材
魷魚 1 條、櫛瓜 1/2 條、洋蔥 1/2 個、茼蒿半把、大蔥 1/2 根、鹽巴 1/3 小匙
醬料 辣椒醬 2 大匙、辣椒粉 1 小匙、蒜末 1 小匙、昆布湯 * 3 杯半、香菇粉 1 大匙

作法
1 將處理好的魷魚洗乾淨，切成方便食用的大小。
2 將茼蒿處理好洗乾淨，櫛瓜切片，洋蔥切絲，大蔥斜切片。
3 將昆布湯倒入湯鍋，加入醬料材料後煮一下。
4 加入櫛瓜和洋蔥滾一下，接著放入魷魚多滾一段時間。
5 最後加鹽巴、大蔥和茼蒿就完成了。

TIPS
➕ 可配合個人喜好加大醬或青陽辣椒。
＊ 請參考第 307 頁。

簡易食譜
➖ **可省略食材** 茼蒿、香菇粉
➡ **可替換食材** 茼蒿→水芹｜昆布湯→水（洗米水）+ 昆布

又香又有嚼勁

魷魚泡菜煎餅

食材
魷魚 1 條、泡菜 1/4 顆、芝麻葉 5 片、煎餅粉 3 杯、雞蛋 1 顆、水 2 杯、沙拉油適量

作法
1 將魷魚洗乾淨、處理好後，切成方便食用的大小。
2 將泡菜的菜心挖掉，把多餘的泡菜湯擠乾，再切成小塊。
3 將泡菜、魷魚、雞蛋、煎餅粉裝在同一個容器中，加一點水後拌成煎餅麵糊。
4 芝麻葉切絲，加進麵糊中拌勻。
5 沙拉油倒入平底鍋，倒一些麵糊上去，煎至外皮酥脆。

TIPS
➕ 加在麵糊裡的水，建議要配合泡菜湯汁的多寡，一點一點倒入以調整麵糊濃稠度，不要一次全部倒進去。
➕ 泡菜如果太酸，可以切點洋蔥加進去。

簡易食譜
➖ **可省略食材** 芝麻葉、雞蛋
➡ **可替換食材** 煎餅粉→麵粉

蝦乾

萬能營養調味料

可以熬湯、可以煮鍋、可以當小菜,也可以磨碎當調味料,蝦乾不僅美味還兼具營養。含有鈣質與多種維生素,可以幫助成長和預防骨質疏鬆症,能為骨頭健康帶來許多好處,同時還具有甲殼質,對高血壓、高膽固醇等心血管疾病相當有效。還含有能提升免疫力、預防老化的胡蘿蔔素。跟雞蛋一起吃能幫助維持大腦健康,跟蘑菇一起吃則能提升鈣質的吸收力,和蘿蔔一起吃則能提升對病毒的抵抗力。

處理方式

乾的鍋子燒熱之後快炒,把蝦子鬍鬚和刺拔掉後再拿來料理。

保存方式

密封後冷凍。

料理技巧
炒

難易度 ★
料理時間 20分鐘
分量 2人份

快炒一下就可上桌

蝦乾炒青江菜

準備食材
蝦乾 1/2 杯
青江菜 2 把（6 個）
蒜末 1 小匙
蠔油 1 小匙
料理酒 1 小匙
鹽巴 1/4 小匙
麻油 1/2 小匙
沙拉油 1 大匙
白芝麻 1/2 小匙

作法
1 先將青江菜底部切掉，葉子一片片剝下來，切成方便入口的大小。
2 沙拉油倒入平底鍋，加入蒜末爆香再炒蝦乾。（圖 1）
3 再加入青江菜、蠔油、料理酒、鹽巴，以大火快炒。（圖 2）
4 最後加點麻油、撒上芝麻就能裝盤了。

TIPS
➕ 青江菜要大火快炒才會脆，顏色也較漂亮。

簡易食譜
➖ 可省略食材
   料理酒
➡ 可替換食材
   蠔油→釀造醬油

❶  ❷

 越吃越上癮

炒蝦乾

準備食材

蝦乾 1 杯
釀造醬油 2 大匙
辣椒醬 1 大匙
梅子汁 3 大匙
料理酒 2 大匙
蒜末 2 小匙
糖漿 1 大匙
沙拉油 2 大匙

作法

1 油倒入平底鍋，加入蒜末炒一炒，注意不要讓蒜末燒焦，然後加入蝦乾炒一炒就起鍋。（圖 1）

2 再將釀造醬油、辣椒醬、梅子汁、料理酒、蒜末倒入平底鍋，開火煮至沸騰。（圖 2）

3 蝦乾加入呈現黏稠狀的醬汁中，拌炒一下再倒入糖漿。（圖 3）

TIPS

◆ 炒或燉煮海鮮類的乾貨時，砂糖和糖漿要在最後階段再加，這樣放涼之後才不會變硬凝固。

簡易食譜

⊖ **可省略食材**
　 料理酒

⊙ **可替換食材**
　 梅子汁→番茄醬
　 糖漿→果糖、玉米糖漿

🍲 野葵跟蝦乾是天生一對

野葵湯

準備食材
野葵 200 克
洋蔥 1/2 個
蝦乾 1/2 杯
大醬 1 大匙
蝦子粉 1 小匙
蒜末 1 小匙
青陽辣椒 1 個
大蔥少許
昆布水 ＊ 4 杯

作法

1 野葵的纏繞莖先放著,把粗莖的皮削掉。(圖 1)

2 將野葵搓洗乾淨後,切成方便入口的大小。

3 再把洋蔥切絲、青陽辣椒和大蔥切碎。

4 水倒入湯鍋並把大醬泡開,然後加入野葵、蝦乾、蝦子粉、洋蔥煮至沸騰。(圖 2)

5 最後加入青陽辣椒和大蔥,再稍微滾一下就可以關火。(圖 3)

TIPS

➕ 野葵以搓洗方式處理,咀嚼起來才會比較軟,也比較不會有土味。

➕ 每家的大醬鹹度都不一樣,請自行控制分量。

＊ 請參考第 270 頁的 TIPS。

簡易食譜

➖ 可省略食材
青陽辣椒、蝦子粉

➡ 可替換食材
青陽辣椒→青紅辣椒、辣椒粉
昆布水→水、洗米水

料理技巧 炸

難易度 ★★
料理時間 30分鐘
分量 1人份

料理技巧 燉煮

難易度 ★★
料理時間 30分鐘
分量 1～2人份

美味營養皆升級

蝦乾炸蓮藕

食材

蓮藕 1/2 個、醋 1 小匙、鹽巴 1/3 小匙、蝦乾 1/2 杯、水 4 大匙、酥炸粉 3 大匙、香芹粉 1 小匙、太白粉 1 大匙、沙拉油適量

作法

1 蓮藕削皮後用加了醋和鹽巴的滾水燙一燙。

2 蝦乾用攪拌機打成泥。

3 酥炸粉、太白粉、蝦乾粉混合後加水攪拌成麵糊。濃度維持在勺子拉起來麵糊可以一直往下流，不會斷掉的程度即可。

4 蓮藕裹上麵糊，以用大約 170 ～ 180 度預熱好的沙拉油煎至酥脆。

5 裝盤後灑上香芹粉。

TIPS

➕ 不光是炸蓮藕，所有的酥炸料理、煎料理，加進蝦乾粉都會更美味營養。

簡易食譜

➡ **可省略食材** 香芹粉、太白粉

➡ **可替換食材** 酥炸粉→麵粉 + 鹽巴

清爽湯頭超有魅力

蝦乾大醬鍋

食材

蝦乾一把（1/3 杯）、豆腐 1/2 塊、櫛瓜 1/3 條、洋蔥 1/3 個、青陽辣椒 1 個、洗米水 2 杯半、大醬 1 大匙、蒜末 1/2 小匙、碎蔥 1 大匙、秀珍菇一把

作法

1 豆腐、洋蔥、櫛瓜切成方便入口的大小。

2 秀珍菇撕成適當的大小，青陽辣椒切片。

3 洗米水倒入砂鍋中，並把大醬泡開。

4 除了碎蔥以外的所有材料都放入砂鍋中煮至沸騰。

5 把湯面上的泡沫撈掉，接著加進碎蔥就完成了。

TIPS

➕ 每一家的大醬鹹度都不同，請自行調整分量。

➕ 除了大醬外再加點辣椒醬，這樣味道會變得比較順口。

簡易食譜

➡ **可省略食材** 秀珍菇

➡ **可替換食材** 洗米水→水、蔬菜湯＊｜秀珍菇→各種菇類

＊ 蔬菜湯請參考第 308 頁。

牡蠣

男女老幼都要吃

西方俗諺說，沒有字母 R 的月分，不要吃牡蠣。而沒有字母「R」的月分，就是 5 月 (May) 到 8 月 (August)，也就是春天跟夏天不要吃牡蠣的意思。因為這段時間是產卵期，牡蠣多半都具有毒性。從結論來看，有「R」的 9 月 (September) 到 2 月 (February) 就是牡蠣的產季。據說風流男都很愛吃牡蠣，所以大部分的人都認為牡蠣只對男性有益，但就如同牡蠣被稱為「大海裡的牛奶」一樣，牡蠣對皮膚、肝臟、肺臟、腦部、血管、骨骼健康都有幫助，是男女老幼都適合的完全食品。

挑選方式

圓圓胖胖、呈現乳白色，黑色邊緣越清晰的越新鮮。

處理方式

用稀鹽水輕輕洗一洗，將殼上的雜質清洗乾淨，如果洗太久可能會讓味道變差，要多注意。

保存方式

洗好的牡蠣要馬上吃掉，如果有剩的話就要冷凍。沒有洗的牡蠣可以泡在海水或鹽水裡密封冷藏，並盡快吃掉。

RECIPE 1	RECIPE 2	RECIPE 3	RECIPE 4	RECIPE 5
牡蠣煎餅	牡蠣海帶湯	牡蠣飯	涼拌牡蠣	豆芽牡蠣粥

難易度 ★★
料理時間 30分鐘
分量 2～3人份

 軟嫩有嚼勁

牡蠣煎餅

食材

牡蠣 1 杯
蛋黃 4 顆
煎餅粉 3 大匙
碎韭菜 1 大匙
料理酒 1/2 小匙
白胡椒 1/4 小匙
鹽巴 1/3 小匙
沙拉油 2 大匙

作法

1 先將牡蠣洗乾淨後把水瀝乾。(圖1)

2 將碎韭菜、料理酒、白胡椒、鹽巴加進蛋黃裡打成蛋汁。
  (圖2)

3 將煎餅粉跟牡蠣一起裝進塑膠袋,輕輕晃動讓牡蠣裹上煎
  餅粉。(圖3)

4 沙拉油倒入熱好的平底鍋,牡蠣裹上蛋汁後煎熟。(圖4)

TIPS

➕ 因為只用蛋黃,所以煎出來的蛋皮會是鮮明的黃色,看起來更
  美味。

➕ 也可以直接拿牡蠣依序裹上煎餅粉、蛋汁後拿去煎,這樣更簡單。

簡易食譜

➖ 可省略食材
  碎韭菜

➡ 可替換食材
  白胡椒→胡椒
  煎餅粉→麵粉

 熬出乳白湯頭

牡蠣海帶湯

食材

牡蠣 1 杯
乾海帶 20 克
洗米水 6 杯
湯醬油 2 大匙
麻油 1 大匙
蒜末 1 大匙

作法

1 將乾海帶先泡開，然後洗乾淨再切成適當的長度，牡蠣也先洗乾淨準備好。（圖 1）

2 在鍋裡倒入麻油，放入海帶先炒一下，接著加入 1 大匙湯醬油再炒。（圖 2）

3 倒入洗米水，並加入蒜末、1 大匙湯醬油後煮至沸騰。（圖 3）

4 接著放入牡蠣，熬煮至湯頭變成乳白色。（圖 4）

5 如果覺得味道不夠，就加鹽調味。

TIPS

➕ 用洗米水味道更香。

＊ 請參考第 270 頁的 TIPS。

簡易食譜

➖ **可省略食材**
蒜末

🔄 **可替換食材**
洗米水→水、昆布水 ＊
麻油→紫蘇油

難易度 ★★
料理時間 40分鐘
分量 1人份

 營養的佳餚

牡蠣飯

食材
牡蠣 1 杯
米 1 杯
糯米 2/3 杯
拌飯海帶 1 大匙
清酒 1 大匙
水 2 杯

山蒜調味醬油
碎山蒜 2 大匙
釀造醬油 3 大匙
湯醬油 1 小匙
辣椒粉 1/2 小匙
麻油 1 小匙
芝麻鹽 1 小匙

簡易食譜
➖ **可省略食材**
　糯米、清酒
➡ **可替換食材**
　拌飯海帶→海帶

作法
1 先將糯米和白米先洗乾淨，浸泡約 30 分鐘。
2 牡蠣洗乾淨後用濾網撈起把水瀝乾。
3 將泡好的米裝入石鍋，加入拌飯海帶、清酒、水之後開始煮飯。（圖 1）
4 鍋中的液體開始沸騰後就把蓋子打開，用勺子翻攪一次，然後轉為小火燉煮。
5 燜 20 分鐘左右，接著把牡蠣鋪在飯上，再多燜 10 分鐘。（圖 2）
6 將牡蠣飯裝在碗裡，並搭配做好的山蒜調味醬油。（圖 3）

TIPS
➕ 如果是用電子飯鍋，就在白飯煮好之後把牡蠣放進去，按再加熱。
➕ 清酒可以去掉牡蠣的腥味。
➕ 拌飯海帶指的是煮飯時可以跟飯拌在一起，切成小塊小塊的海帶。如果是用一般的海帶，那在煮飯時就放兩片海帶（5 x 5 公分），等飯煮好之後再把海帶拿出來。

料理技巧 **拌**

難易度 ★★
料理時間 30分鐘
分量 1～2人份

料理技巧 **燉煮**

難易度 ★★
料理時間 30分鐘
分量 1人份

充滿大海的香氣

涼拌牡蠣

開胃的營養粥品

豆芽牡蠣粥

食材

牡蠣 2 杯（300 克）、中等大小的蘿蔔 1/4 根、梨子 1/4 顆、鹽巴 1 大匙

醬料 糯米漿 2 大匙、魚露 1 大匙、梅子汁 1 大匙、辣椒粉 3 大匙半、蒜末 1 小匙、糖漿 1 大匙、碎蔥 1 大匙、生薑汁 1/3 小匙、芝麻 1 小匙

作法

1 牡蠣洗乾淨，用濾網撈起把水瀝乾。

2 蘿蔔切成小塊或是刨成粗絲，接著灑點鹽巴稍微醃一下。

3 梨子和蘿蔔切成一樣的大小或形狀。

4 用準備好的材料把醬料調好。

5 把醃蘿蔔生出的水擦乾，並將牡蠣、梨子、蘿蔔裝在一起，跟醬料拌勻。

TIPS

➕ 糯米漿用 1/2 杯的水跟 1 大匙糯米粉調。

➕ 切一點水芹加進去會更香。

食材

牡蠣 100 克、黃豆芽 50 克、米 1/2 杯、水 5 杯、湯醬油 1 小匙、碎蔥 1 小匙、鹽巴 1/2 小匙、蒜末 1/2 小匙、海苔 1 片、釀造醬油 1 大匙、麻油 1/2 大匙

作法

1 米洗乾淨後浸泡約 1 小時。

2 黃豆芽和牡蠣分別洗乾淨再把水瀝乾。

3 將水倒入湯鍋裡煮，沸騰後放入黃豆芽稍微燙一下，黃豆芽撈出後再燙一下牡蠣。

4 把泡好的米，加進燙黃豆芽和牡蠣的水裡面煮。

5 再加進蒜末和湯醬油繼續煮。

6 等米粒完全吸水膨脹後，就加進黃豆芽跟牡蠣，滾一下再加進碎蔥。

7 將粥舀進碗裡，撒上海苔粉，要吃的時候再配加了一點麻油的釀造醬油。

TIPS

➕ 可以把海苔烤脆，再裝進塑膠袋裡撕碎成海苔粉。

簡易食譜

➖ **可省略食材** 蘿蔔、生薑汁、糯米漿

➕ **可替換食材** 梅子汁→砂糖｜糖漿→果糖、玉米糖漿

簡易食譜

➖ **可省略食材** 蘿蔔、生薑汁、糯米漿

➕ **可替換食材** 碎蔥→碎韭菜

鮑魚

補品的代表

鮑魚被稱為海裡的山蔘、大海的熊膽、貝類的帝王,是要進補時一定會用到的食材。據說長壽的君王英祖與及渴望長生不老的秦始皇,都很愛吃鮑魚。鮑魚能夠恢復精力、幫助肝臟恢復健康與精力、美肌、減肥、照顧產婦健康與幫助哺乳、幫助兒童成長並開發大腦等。以海藻為主食的鮑魚,肉和內臟都具有十分豐富的營養。此外,鮑魚的殼對白內障、夜盲症、眼睛充血、視力不佳等問題很有幫助,經常當作漢方藥材使用。

挑選方式

盡量挑選鮑魚肉厚實圓潤、還在活動的鮑魚,1 公斤 6 ～ 10 顆左右的大小最適當。

處理方式

用刷子刷一刷,把殼上面的雜質清除,再用湯匙把肉挖出來。內臟小心挖出,避免爆開,再把鮑魚的牙齒挖掉。

保存方式

新鮮的活鮑魚可冷藏 2 ～ 3 天,如果沒有要馬上吃,可以將活鮑魚直接冷凍。料理完剩下的殼可冷凍保存,要煮鰻魚、昆布湯*的時候再拿來使用。

*請參考第 307 頁。

RECIPE 1	RECIPE 2	RECIPE 3	RECIPE 4	RECIPE 5
鮑魚粥	奶油烤鮑魚	醬燉鮑魚	鮑魚生魚片	鮑魚炒飯

有效恢復元氣

鮑魚粥

食材

鮑魚 3 顆
米 1 杯
水 5 杯
紅蘿蔔 1/4 根
洋蔥 1/2 個
櫛瓜 1/3 條
麻油 2 大匙
湯醬油 1 大匙
蒜末 1 小匙

簡易食譜

⊖ 可省略食材
　　櫛瓜、洋蔥、
　　紅蘿蔔

⊙ 可替換食材
　　湯醬油→鹽巴

作法

1 米先洗乾淨後泡約 2 小時。

2 將處理好的鮑魚切片，並把紅蘿蔔、洋蔥和櫛瓜切碎。
　（圖 1）

3 麻油倒入湯鍋中，把泡好的米倒進去炒一炒。（圖 2）

4 待等米粒變透明，就加進鮑魚一起炒。（圖 3）

5 倒入 1 杯半的水燉煮。（圖 4）

6 煮到沸騰時，將剩下的水分 2 次倒入，然後轉為小火燉
　煮。（圖 5）

7 待米粒膨脹後，加進紅蘿蔔、洋蔥、櫛瓜再多滾一下，最
　後用湯醬油調味。

TIPS

⊙ 如果連鮑魚內臟一起使用，建議用攪拌機將內臟跟清酒打在一起，
　跟鮑魚肉一起炒。

⊙ 如果一開始就調味，粥裡面的米粒會爛掉，所以通常會最後再調
　味，或是另外搭配醬油或鹽巴。

 大人小孩都喜歡

奶油烤鮑魚

食材

鮑魚 3 顆
洋蔥 1/2 個
甜椒 1/3 個
青陽辣椒 3 個
奶油 1 大匙
蒜末 1 小匙
白酒 1 大匙
鹽巴 1/3 小匙
白胡椒少許
莫札瑞拉起司 2 大匙

作法

1　鮑魚洗乾淨處理好然後切片,把甜椒和洋蔥切成粗絲,青陽辣椒切碎。(圖 1)

2　奶油放到平底鍋上加熱融化,然後把蒜末加進去爆香。(圖 2)

3　接著鮑魚、洋蔥、甜椒、青陽辣椒全部加進去一起炒。(圖 3)

4　倒入白酒去除腥味,再用鹽巴和胡椒調味。(圖 4)

5　將炒好的材料裝進鮑魚殼裡,撒上莫札瑞拉起司,放進以 220 度預熱好的烤箱中烤 10 分鐘。

TIPS

⊕ 如果是用平底鍋代替烤箱,可以蓋上蓋子轉小火,加熱至莫札瑞拉起司融化為止。

簡易食譜

⊖ **可省略食材**
　青陽辣椒

⊕ **可替換食材**
　青陽辣椒→
　青紅辣椒
　白胡椒→胡椒
　白酒→燒酒、清酒

 軟嫩有嚼勁

醬燉鮑魚

食材
鮑魚 1 公斤（10 顆）

燉醬
釀造醬油 1/2 杯
鰻魚昆布湯 * 1 杯半
料理酒 1/2 杯
蒜末 1 大匙
生薑汁 1 小匙
青陽辣椒 3 個
香菇 2 個
大蔥 1 根
洋蔥 1 個
月桂葉 2 片

作法

1 先將鮑魚洗乾淨處理好。（圖 1）

2 將燉醬的材料裝入湯鍋裡煮約 10 分鐘。（圖 2）

3 將鮑魚連殼一起放入燉醬中，煮 7 ～ 8 分鐘。（圖 3）

4 把鮑魚撈出來，切成方便食用的大小後裝盤，再淋上一些醬汁。

TIPS

⊕ 鮑魚內臟可以冷凍起來，之後用來煮粥或湯。

⊕ 燉醬也可以用來做其他料理。

＊ 請參考第 307 頁。

簡易食譜

⊖ **可省略食材**
　　青陽辣椒、生薑汁、
　　月桂葉

⊙ **可替換食材**
　　鰻魚昆布湯→
　　水 + 昆布
　　料理酒→
　　清酒、燒酒

難易度 ★★
料理時間 30分鐘
分量 1人份

難易度 ★★
料理時間 30分鐘
分量 1人份

新鮮的鮑魚

鮑魚生魚片

食材

鮑魚 3 顆

醋辣椒醬 辣椒醬 1 大匙、醋 1 小匙、砂糖 1 小匙、梅子汁 1/2 小匙、生薑汁 1 小匙、芝麻 1 小匙

作法

1 鮑魚洗乾淨，然後切成薄片。

2 把醋辣椒醬調好。

3 將鮑魚和鮑魚內臟整齊裝盤，再搭配醋辣椒醬一起吃。

TIPS

➕ 醋的量可依照個人口味調整。

簡易食譜

➖ **可省略食材** 生薑汁

➡ **可替換食材** 梅子汁→砂糖｜砂糖→汽水｜生薑汁→生薑粉

這可不是普通的炒飯

鮑魚炒飯

食材

鮑魚 2 顆、冷飯 1 碗半、洋蔥 1/3 個、蒜頭 2 顆、碎紅蘿蔔 1 大匙、無鹽奶油 1 大匙、蠔油 1/2 大匙、鹽巴少許

作法

1 鮑魚洗乾淨，切成方便食用的大小。

2 洋蔥切成適當的大小，蒜頭切片。

3 將奶油抹在平底鍋底，放入蒜頭炒香，然後再加鮑魚一起炒。

4 加進洋蔥和紅蘿蔔炒一炒，最後再倒入白飯炒至粒粒分明。

5 如果覺得味道太淡，就用蠔油或鹽巴調味。

簡易食譜

➖ **可省略食材** 蠔油

➡ **可替換食材** 蠔油→釀造醬油、鹽巴｜無鹽奶油→沙拉油｜洋蔥→蔥

明太
魚乾

好吸收的高蛋白食品

鮮明太是剛抓到的新鮮明太魚；凍明太則是冷凍的明太魚；半乾明太則是鼻子上穿了孔後經過半乾燥處理的明太魚；乾明太則是完全乾燥處理的明太魚；小明太則是曬乾的小明太魚；而重複冷凍、解凍超過 20 次以上，變成黃色的乾燥明太魚就是明太魚乾。將明太魚加工製成明太魚乾的過程中，營養會逐漸濃縮，尤其是蛋白質的量會增加到原本的 2 倍以上，是蛋白質含量占總營養成分 60% 以上的高蛋白食品。經過加工後的明太魚，蛋白質吸收率也比未加工的明太魚更好。

處理方式

用剪刀把明太魚乾的頭尾剪掉，沿著肉的紋路撕開後泡水。

保存方式

密封後冷凍。

 酥脆有嚼勁

豆芽菜燉明太魚

食材
明太魚乾 2 條
黃豆芽 300 克
糯米粉 1 大匙
太白粉 1 大匙
麻油 + 沙拉油 2 大匙

明太魚湯
明太魚頭 2 個
洋蔥皮 1/3 把
洋蔥 1/2 個
昆布 4 片
乾辣椒 3 個
大蔥 1 根
水 5 杯

明太魚乾調味
明太魚湯 1/3 杯
蒜末 1 大匙
鹽巴 1/3 小匙

醬料
辣椒醬 2/3 大匙
辣椒粉 1 大匙
梅子汁 2 大匙
釀造醬油 1 小匙
料理酒 1 大匙
麻油 1/2 小匙
蒜末 1 大匙
生薑粉 1/3 小匙
芝麻 1 小匙
豆芽菜汆燙
明太魚湯 1 杯
料理酒 1 小匙
鹽巴 1/3 小匙

作法
1　將明太魚乾的頭、尾、鰭都切掉之後洗乾淨。（圖 1）
2　將明太魚湯的材料放入湯鍋裡煮沸。（圖 2）
3　煮明太魚湯時把醬料調好。（圖 3）
4　將明太魚湯、蒜末、鹽巴混合，再抹在明太魚乾上調味。
5　在明太魚湯中加入料理酒和鹽巴，再放入黃豆芽汆燙。（圖 4）
6　明太魚乾調味好之後，就把可能會刺到手的刺清乾淨，接著將太白粉和糯米粉混合，再均勻裹在明太魚上。
7　將混了麻油的沙拉油倒入平底鍋，把明太魚放上去煎熟。（圖 5）
8　淋上醬料後，正反面都再煎一下。（圖 6）
9　最後將黃豆芽裝盤，然後把煎熟的明太魚放上去。

TIPS
➕ 除了黃豆芽之外，也可以加水芹或是韭菜。

簡易食譜
➖ **可省略食材** 洋蔥皮、乾辣椒、生薑粉
➡ **可替換食材** 糯米粉、太白粉→煎餅粉｜梅子汁→砂糖、糖漿、果糖｜料理酒→清酒、燒酒

料理技巧
烤

難易度 ★★★
料理時間 30分鐘
分量 2人份

 越嚼越香

醬烤明太魚

食材
明太魚乾 2 條
麻油 1 大匙
沙拉油 1 大匙

醬料
辣椒醬 1 大匙
釀造醬油 1 小匙
麻油 1 小匙
梅子汁 1 大匙
糖漿 1 小匙
料理酒 1 大匙
蒜末 1 大匙
碎蔥 1 大匙
芝麻 2 小匙

作法

1 明太魚去頭、去尾、去鰭，然後拿布沾點水簡單擦拭。（圖 1）

2 在明太魚的外側（皮的部分）斜切幾道刀痕，並把內側那些細小的刺挑掉。（圖 2）

3 用準備好的材料調成醬料。（圖 3）

4 將麻油和沙拉油一起倒入平底鍋，把明太魚煎熟。（圖 4）

5 明太魚煎至外皮酥脆後，就在正反兩面都塗上醬料後再繼續煎。（圖 5）

6 最後煎完撒上芝麻。

TIPS

➕ 明太魚要從內側開始煎，同時要用鍋鏟一邊往下壓，這樣明太魚才不會縮起來，可以維持原本的形狀。

簡易食譜

➡ **可替換食材** 梅子汁→砂糖｜糖漿→玉米糖漿、果糖｜料理酒→清酒、燒酒

難易度 ★★
料理時間 **20分鐘**
分量 **1~2人份**

![] 口感清爽又開胃的湯

明太魚湯

食材
明太魚乾 1 條
雞蛋 2 個
昆布水 * 3 杯
麻油 1 大匙
蒜末 1/2 小匙
清酒 1 大匙
鹽巴 1/2 小匙
大蔥 1/2 根

作法

1 將明太魚剝皮後撕成適當的厚度。(圖 1)

2 把蛋打散,並將大蔥切一切加進去攪拌。(圖 2)

3 將麻油倒入湯鍋,並把明太魚加進去炒。(圖 3)

4 倒入昆布水,再加蒜末、清酒、鹽巴熬煮。

5 等煮沸後倒入加了蔥的蛋汁,倒入蛋汁的時候手要一邊繞圈一邊倒。

6 待再次煮沸後就關火。

TIPS

⊕ 使用先撕好的明太魚乾,料理起來更方便。

⊕ 倒入蛋汁後立刻攪拌湯會變混濁。

＊ 請參考第 270 頁的 TIPS。

簡易食譜

⊖ **可省略食材** 清酒

⊙ **可替換食材** 昆布水
　→水 +(昆布)

料理技巧
拌

難易度 ★★
料理時間 20分鐘
分量 2～3人份

最好的便當配菜

涼拌明太魚乾

食材
明太魚乾 80 克、青陽辣椒 1 個、紅辣椒 1 個、海苔 1 片、碎珠蔥 1 大匙
醬料 辣椒粉 1 大匙、細辣椒粉 1/2 大匙、辣椒醬 1 大匙、蒜末 1 大匙、生薑汁 1 小匙、釀造醬油 3 大匙、梅子汁 1 大匙、糖漿 1 大匙、麻油 1 大匙、芝麻鹽 1 小匙

作法
1 用準備好的材料調成醬料。
2 將明太魚乾撕碎，稍微沖一下水然後再把水擠乾。
3 海苔烤過之後裝進塑膠袋裡，弄成海苔粉。
4 將青陽辣椒、紅辣椒、珠蔥切碎。
5 把明太魚乾跟醬料拌一拌，再加進辣椒跟珠蔥一起拌，最後撒上海苔粉就完成了。

TIPS
➕ 用明太魚絲更快更簡單。

簡易食譜
➖ **可省略食材** 細辣椒粉、生薑汁、青陽辣椒、紅辣椒、海苔
➡ **可替換食材** 生薑汁→生薑粉｜梅子汁→砂糖｜糖漿→玉米糖漿、果糖

料理技巧
燉煮

難易度 ★★
料理時間 30分鐘
分量 2～3人份

兩倍的爽口

明太魚蘿蔔湯

食材
明太魚乾 1/2 條、蘿蔔 1/4 個（120 克）、豆腐 1/3 塊、大蔥 1/2 根、洗米水 4 杯、昆布 2 片（4 x 4 公分）、麻油 1 大匙、料理酒 1 大匙、蒜末 1 小匙、湯醬油 1 大匙、鹽巴 1/2 小匙

作法
1 將明太魚乾撕成適當的大小，沾一點水之後再把水擠乾，然後加料理酒跟蒜末調味。
2 蘿蔔切成粗絲或切塊，豆腐則切成方便食用的大小。
3 麻油倒入湯鍋，放入明太魚炒一炒，然後再加蘿蔔一起炒。
4 倒入洗米水跟昆布煮約 10 分鐘。
5 把昆布撈出來，加進湯醬油、鹽巴、蒜末、豆腐然後再多滾一下。
6 接著加入大蔥，如果覺得味道不夠，就用鹽巴調味。

TIPS
➕ 加煮年糕湯用的年糕進去，就會是相當飽足的一餐。

簡易食譜
➖ **可省略食材** 豆腐、料理酒、昆布
➡ **可替換食材** 洗米水→水｜料理酒→清酒、燒酒

鯷魚

🔍 雖小但卻魅力十足的海鮮

雖然因為海洋汙染，讓人對吃海鮮感到卻步，但鯷魚算是比較不受重金屬等海洋汙染影響的魚類。因為會苦而不太會拿來吃的內臟也含有豐富營養，是從頭到尾都非常實用的海鮮。而最適合搭配鯷魚的食物是大醬、海帶、牛奶、醋、李子、青辣椒、青椒等。此外，鯷魚經過一天的陽光曝曬後，會產生維生素 D，能夠幫助鈣質吸收。但如果跟菠菜和蓮藕等含有草酸的食物一起吃，可能會導致體內產生結石，並且妨礙鈣質吸收，請多加留意。

挑選方式

盡量避免粉很多、碎掉的鯷魚。有酸酸的腥味或是太鹹的也盡量避免。

處理方式

平底鍋乾炒後把上頭的粉拍掉再料理。

保存方式

密封冷凍。

RECIPE 1	RECIPE 2	RECIPE 3	RECIPE 4	RECIPE 5
糯米椒燉鯷魚	鯷魚炸蔬菜	辣拌鯷魚	鯷魚辣椒飯捲	鯷魚炒堅果

 營養滿分的國民小菜

糯米椒燉鰻魚

準備食材

鰻魚 80 克（2 杯半）
糯米椒 200 克
水 3 杯
鹽巴 1 小匙
沙拉油 2 大匙
麻油 1/2 小匙
芝麻 1 小匙

燉煮醬料

釀造醬油 3 大匙
梅子汁 2 大匙
料理酒 1 大匙
糖漿 1 大匙
生薑粉 1/3 小匙
蒜末 1 小匙
碎蔥 1 大匙

作法

1 先將鰻魚的頭切掉、內臟挖乾淨，然後用水輕輕沖洗。

2 糯米椒用加了鹽的滾水燙一下，然後再把水擦乾。（圖 1）

3 用準備好的食材把燉煮醬料調好。（圖 2）

4 將沙拉油倒入平底鍋，放入鰻魚炒。（圖 3）

5 倒入燉煮醬料，同時翻炒鰻魚。（圖 4）

6 接著加入糯米椒一起炒，最後再淋上麻油、撒上芝麻。
（圖 5）

TIPS

➕ 炒鰻魚的時候加蒜末跟生薑汁會更好吃。

➕ 滾水加鹽燙糯米椒，可以達到調味並保持顏色鮮豔的效果。

➕ 鰻魚和糯米椒同時料理，就可以彌補鰻魚缺少維生素 C、糯米椒缺
少鈣質的缺點。

簡易食譜

➖ **可省略食材** 生薑粉

🔄 **可替換食材** 料理洒→清酒、燒酒｜糖漿→玉米糖漿、果糖

🍲 酥脆香甜的營養點心

鰻魚炸蔬菜

準備食材

鰻魚 50 克（1 杯半）

洋蔥 1/2 個

紅蘿蔔 1/4 根

水芹半把

甜椒 1/4 個

酥炸粉 1 大匙半

沙拉油適量

油炸麵糊

酥炸粉 3 大匙

雞蛋 1 顆

水 3 ～ 4 大匙

作法

1　先將鰻魚先用平底鍋乾炒。

2　再把洋蔥、紅蘿蔔、水芹、甜椒切絲，但注意別切得太細。（圖 1）

3　接著將鰻魚、蔬菜、酥炸粉裝進塑膠袋中搖晃混合。（圖 2）

4　將油炸麵糊調好，把鰻魚和蔬菜放進去輕輕攪拌混合。（圖 3）

5　將沙拉油倒入平底鍋，待油燒熱之後就舀起麵糊倒入鍋中，煎至外皮酥脆。（圖 4）

TIPS

➕ 可以用冰箱裡有的蔬菜。

➕ 不加雞蛋的話水就要多加一些。

簡易食譜

➖ **可省略食材**
　　水芹、雞蛋

➡ **可替換食材**
　　酥炸粉→麵粉

料理技巧
拌

難易度 ★
料理時間 **20分鐘**
分量 **2～3人份**

水拌飯與辣拌鰻魚的絕妙美味

辣拌鰻魚

準備食材

鰻魚 30 克（1 杯）
碎甜椒 1 小匙
碎洋蔥 1 大匙
碎水芹 1 大匙

調味辣醬

蒜末 1/2 小匙
碎蔥 1/2 小匙
辣椒醬 1 大匙
梅子汁 1 大匙
生薑汁 1/3 小匙
麻油 1/2 小匙
糖漿 1 小匙
芝麻鹽 1 小匙

作法

1 先將鰻魚去頭、去內臟後，用平底鍋快速乾炒。（圖 1）

2 將調味辣醬調好。（圖 2）

3 把鰻魚、燙過的蔬菜裝進容器裡，然後倒入調味辣醬拌一拌。（圖 3）

TIPS

➕ 偏鹹的鰻魚要用自來水沖洗，然後再用平底鍋乾炒。

簡易食譜

➖ **可省略食材** 甜椒、水芹、生薑汁

➡️ **可替換食材** 梅子汁→砂糖｜生薑汁→生薑粉｜糖漿→蜂蜜、玉米糖漿

難易度 ★★★
料理時間 40分鐘
分量 3～4分鐘

料理技巧
捲

吃過一次就念念不忘的美味

鰻魚辣椒飯捲

準備食材

飯捲用海苔 5 張、白飯 4 碗、碎鰻魚 200 克、雞蛋 3 顆、紅蘿蔔 1 根、青辣椒 7 個、麻油 3 大匙、芝麻鹽 1 大匙、鹽巴 1/3 小匙

醬料 辣椒粉 1 大匙、辣椒醬 3 大匙、釀造醬油 1 大匙、梅子汁 1 大匙、生薑汁 1/3 小匙、糖漿 1 大匙、芝麻鹽 1 小匙

作法

1 將鰻魚先用平底鍋乾炒去除腥味。

2 除了糖漿和芝麻鹽以外，把其他所有的醬料材料都加進平底鍋裡跟鰻魚一起炒。

3 鰻魚吸收了醬料後，再加入糖漿和芝麻鹽拌炒。

4 接著把蛋打好、煎成蛋皮，然後再切成蛋絲。

5 將油倒入平底鍋中，把切絲的青辣椒和紅蘿蔔加進去炒一下。

6 將白飯、麻油、芝麻鹽、鹽巴拌在一起。

7 將海苔鋪在飯捲用的捲簾上，接著鋪上一層薄薄的白飯，然後依序放上鰻魚、青辣椒、紅蘿蔔、蛋皮，再捲起來。

TIPS

⊕ 炒鰻魚做多一點，可以當成小菜來吃。

簡易食譜

⊖ **可省略食材** 生薑汁

⊙ **可替換食材** 梅子汁→砂糖│生薑汁→生薑粉│糖漿→玉米糖漿、果糖

難易度 ★★
料理時間 30分鐘
分量 1人份

料理技巧
炒

滿滿的堅果香

鰻魚炒堅果

準備食材

碎鰻魚 60 克（2 杯）、堅果 50 克、沙拉油 1 大匙、芝麻 1 小匙

調味醬油 釀造醬油 2 大匙、梅子汁 1 大匙、料理酒 1 大匙、糖漿 1 大匙、生薑汁 1/2 小匙、蒜末 1/2 小匙

作法

1 把堅果用水燙一次之後，再用平底鍋乾炒。

2 再將鰻魚用平底鍋乾炒，去除腥味。

3 將沙拉油倒入平底鍋中，蒜末加進去炒一炒，然後再把調味醬油的材料全部倒進去烹煮。

4 待調味醬油沸騰之後加入鰻魚和堅果，均勻拌炒，最後再撒上芝麻就完成了。

TIPS

⊕ 堅果類可用核桃、杏仁、南瓜籽等。

⊕ 也可以拿鰻魚和堅果炒一炒，再加糖漿或果糖快速攪拌的方法來做這道小菜。

簡易食譜

⊖ **可省略食材** 生薑汁

⊙ **可替換食材** 梅子汁→砂糖│料理酒→清酒、燒酒│糖漿→玉米糖漿、果糖

PART 4

蛋豆乾貨

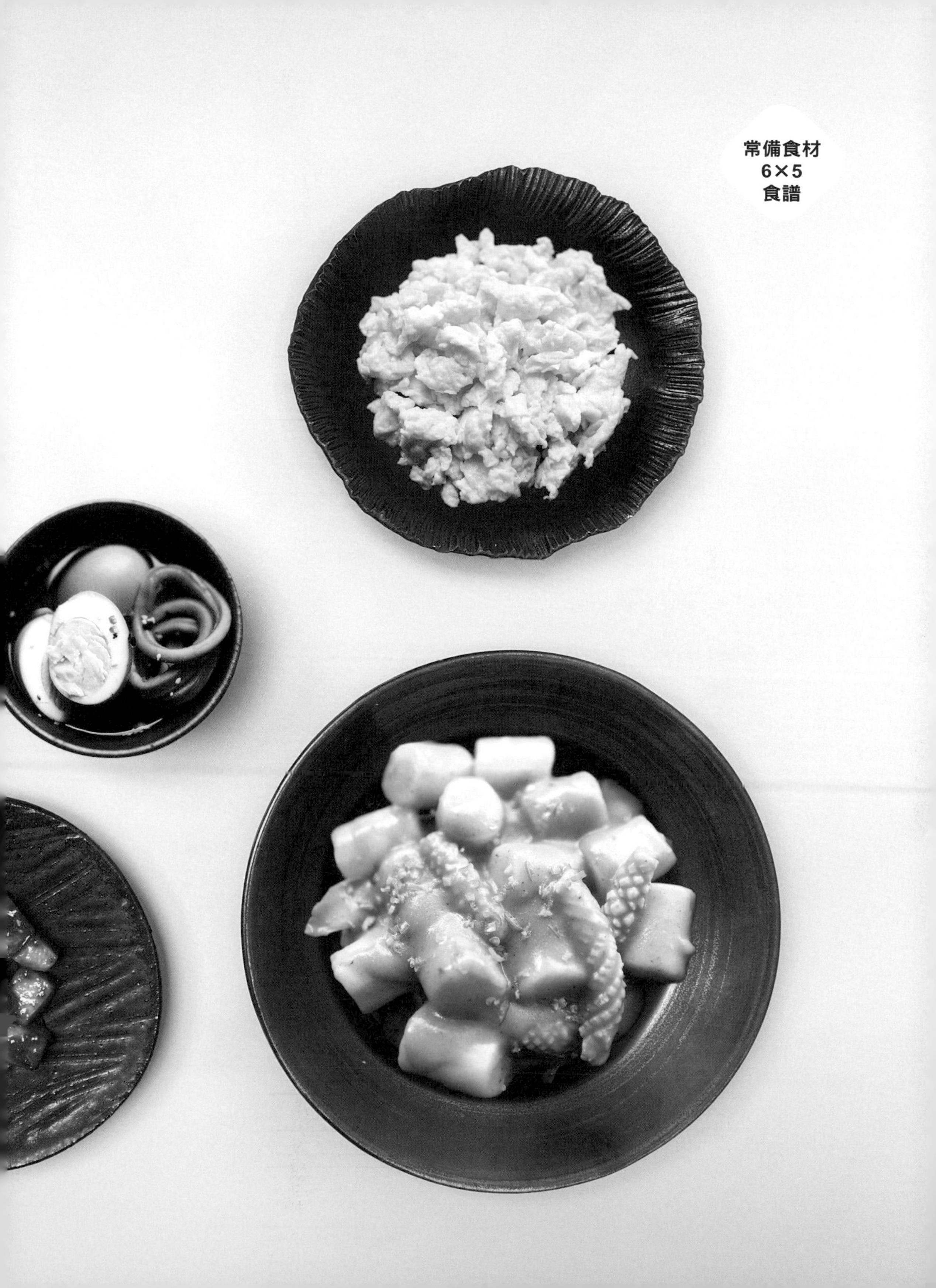

蛋豆乾貨

常備食材
6×5
食譜

雞蛋	豆腐	莫札瑞拉起司	海苔
滷蛋	豆腐湯	起司玉米	炒海苔
×	×	×	×
蛋捲	煎豆腐	番茄起司義大利麵	海苔飯捲
×	×	×	×
炒蛋	燉豆腐	蘿蔔泡菜起司炒飯	海苔醬菜
×	×	×	×
明太魚乾湯	麻婆豆腐	起司辣炒年糕	飛魚卵手卷
×	×	×	×
火腿蛋三明治	菠菜拌豆腐	吐司披薩	海苔蛋捲

麵粉	咖哩
馬鈴薯麵疙瘩	咖哩飯
×	×
麵春捲	烤白帶魚
×	×
蛤蜊刀削麵	咖哩炒年糕
×	×
薄煎餅	咖哩烏龍麵
×	×
煎蔬菜	咖哩炒飯

雞蛋

🔍 雞蛋該怎麼買？

禽流感加上殺蟲劑問題，導致雞蛋成了近來最不能信賴的食材。或許我們需要思考，會掀起這些風波的根本原因，會不會是因為我們用太過便宜、太過容易的管道取得雞蛋所導致。現在讓我們亡羊補牢，不再購買工廠式飼育、機械式生產出的雞蛋，而是選擇在尊重生命的前提下生產的天然雞蛋吧。我相信以適當價格購買健康雞蛋的消費習慣，是讓雞蛋重新成為健康食材最快最正確的解決之道。

👆 挑選方式

表面粗糙，輕輕搖晃時內容物不會跟著晃動的雞蛋比較新鮮。如果是包裝好的雞蛋，請確認有效日期。

🧺 保存方式

通常來說，雞蛋冷藏可保存1個月左右，除了盛夏、隆冬之外，天然雞蛋可在室溫下保存2個月左右。

RECIPE 1	RECIPE 2	RECIPE 3	RECIPE 4	RECIPE 5
滷蛋	蛋捲	炒蛋	明太魚乾湯	火腿蛋三明治

料理技巧
燉

難易度 ★★
料理時間 30分鐘
分量 2人份

冰箱裡最能填飽肚子的小菜

滷蛋

食材
雞蛋 5 顆
魷魚 1 尾
蒜頭 6 顆
大蔥 1 根
鯷魚 10 條
洋蔥 1/2 顆
昆布 2 片
釀造醬油 4 大匙半
(70 毫升)
湯醬油 2 大匙 (30 毫升)
蔬菜湯＊1 杯半
(300 毫升)
梅子汁 3 大匙 (50 毫升)
料埋酒 4 小匙 (20 毫升)
水煮蛋
鹽巴 1/3 小匙
醋 1 小匙

簡易食譜
⊖ **可省略食材**
　魷魚、料理酒
⊕ **可替換食材**
　蔬菜湯 → 水

作法
1 蛋用大火煮 10 分鐘，然後加入鹽巴和醋，轉為中火再煮 5 分鐘。(圖 1)

2 魷魚剝皮後切成圈狀。(圖 1)

3 將洋蔥、大蔥、蒜頭切成適當大小，跟鯷魚、昆布一起放入湯鍋。(圖 2)

4 湯鍋裡加入釀造醬油、湯醬油、梅子汁、料理酒、蔬菜湯，再將雞蛋和魷魚放進去，以中火燉煮 20 分鐘。(圖 3)

TIPS
❶ 加魷魚會比較不鹹，味道會比較清爽。
❶ 如果有香菇的話可以加進去一起滷。
＊ 參考第 308 頁。

可以當小菜，也能當下酒菜

蛋捲

食材

雞蛋 4 顆

碎花椰菜 2 大匙

碎紅蘿蔔 1 大匙

碎洋蔥 2 大匙

鹽巴 1/2 小匙

料理酒 1 大匙

沙拉油 1 大匙

白胡椒 1/4 小匙

作法

1 先將紅蘿蔔、洋蔥、燙過的花椰菜切碎，再用廚房紙巾把水分壓乾。（圖 1）

2 在蛋裡加入調味酒、鹽巴、白胡椒後打成蛋汁。（圖 2）

3 將切碎的食材加進打好的蛋汁中攪拌均勻。（圖 3）

4 沙拉油倒入平底鍋，然後再倒入蛋汁，用筷子和夾子把蛋捲起來後煎熟。（圖 4）

5 待蛋捲冷卻後切成適當的大小。

TIPS

➕ 如果蛋捲裡要加蔬菜，最重要的就是把多餘的水分壓掉。

➕ 如果不喜歡雞蛋的味道，可以加調味酒或麻油。

簡易食譜

➖ **可省略食材**

花椰菜、洋蔥、紅蘿蔔、料理酒

➡ **可替換食材**

白胡椒 → 胡椒

料理技巧
烤

難易度 ★
料理時間 **10**分鐘
分量 **2**人份

輕輕鬆鬆來份早午餐

炒蛋

食材
雞蛋 3 顆
鹽巴 1/2 小匙
白胡椒 1/4 小匙
無鹽奶油 1/2 大匙（8 克）
沙拉油 1 大匙

作法
1 將奶油拿出來放在室溫下解凍。

2 在蛋裡加入鹽巴、白胡椒和奶油後打成蛋汁。（圖 1）

3 將沙拉油倒入用中火預熱好的平底鍋中，倒入蛋汁後以打蛋器輕輕攪拌，讓蛋汁變成一團一團的滑嫩炒蛋。（圖 2）

TIPS
➕ 在攪蛋汁的時候，小打蛋器會比筷子的效果好
➕ 加進奶油會更香，也能去除雞蛋特殊的腥味。

簡易食譜
➖ **可省略食材**
　　無鹽奶油
➡ **可替換食材**
　　白胡椒→胡椒
　　無鹽奶油→牛奶

料理技巧
燉煮

難易度 ★★
料理時間 20分鐘
分量 2人份

料理技巧
拌

難易度 ★★
料理時間 30分鐘
分量 2人份

解除宿醉的第一把交椅

明太魚乾湯

食材

明太魚乾 50 克、白蘿蔔 100 克、豆腐 1/2
塊、雞蛋 2 顆、水 3 杯、麻油 1 大匙、蒜末
1/2 小匙、蝦醬 1/2 小匙、湯醬油 1/2 小匙、
大蔥 1/2 根、胡椒 1/4 小匙

作法

1 明太魚乾用水泡開後撕成適當的大
  小，原本用來泡魚乾的水可用來煮湯。

2 把白蘿蔔和豆腐切塊，大蔥斜切片，
  雞蛋打成蛋汁。

3 將麻油倒入熱好的平底鍋中，把泡好
  的明太魚放進去乾炒一下，接著再加
  蘿蔔一起炒。

4 將泡過明太魚乾的水倒入湯鍋，加入
  豆腐、蒜末、湯醬油用中火燉煮。

5 倒入蛋汁之後再煮一下，接著加入大
  蔥和胡椒，最後用蝦醬調味。

TIPS

⊕ 明太魚炒過後湯會變的又濃又香，不炒直
  接拿去煮湯，湯會比較爽口。

⊕ 蛋汁倒進去之後不要攪拌，湯才不會混濁。

簡易食譜

⊖ **可省略食材** 豆腐

⊙ **可替換食材** 蝦醬→鹽巴

人氣滿分的野餐便當

火腿蛋三明治

食材

雞蛋 2 顆、黃瓜 1/2 根、雞尾酒蝦 1/2 杯、吐
司麵包 4 片、馬鈴薯 1 顆、火腿切片 4 片、起
司切片 2 片、美乃滋 3 小匙、辣椒醬 2 小匙、
黃芥末 1 大匙、鹽巴 1/3 小匙、胡椒少許、檸
檬汁 1 滴、奶油 1 大匙（15 克）、沙拉油少許

作法

1 先將黃瓜切成薄片。

2 在雞尾酒蝦上灑點胡椒，再加沙拉油
  稍微炒一下，然後用辣椒醬拌一拌。

3 馬鈴薯和雞蛋分別用水燙熟，壓碎之
  後加美乃滋、鹽巴、胡椒均勻攪拌。

4 把吐司麵包抹上奶油稍微烤一下，在
  其中兩片的單面抹上黃芥末。

5 在抹上黃芥末的吐司麵包上抹上碎馬
  鈴薯和雞蛋，再依序放上蝦子、黃瓜、
  起司和火腿。

6 蓋上另外一片吐司麵包，用像砧板
  之類的重物壓一下，成形之後就可
  以切了。

TIPS

⊕ 也可以只放水煮蛋沙拉和火腿，作成簡單
  的三明治。

簡易食譜

⊖ **可省略食材** 馬鈴薯、黃瓜、起司切片、雞
  尾酒蝦、辣椒醬、黃芥末、檸檬汁

⊙ **可替換食材** 黃芥末→西式黃芥末
  辣椒醬→番茄醬

豆腐

別再開玩笑說人像豆腐一樣脆弱

以黃豆為主原料的豆腐，不僅是可以幫助我們打造健美身材的高蛋白食物，更是低熱量減肥聖品。豆腐中含有豐富的鈣質與卵磷脂，可以預防骨質疏鬆和老人癡呆、提升學習能力，更具有抗氧化、抗癌、皮膚美容等，各種全部列出來會嚇死人的好處，這些全都藏在看起來軟綿綿的豆腐裡。而且雖然黃豆也有一樣的效果，但豆腐可是比黃豆要更容易消化吸收喔。

挑選方式

板豆腐要挑選沒有臭味，表面平滑且四角沒有缺損的，另外裝豆腐的水也不能混濁不清。包裝好的豆腐只要確認保存期限即可。

保存方式

只要經常更換裝豆腐的水，就可以放得比保存期限更久一點。如果想要長時間存放，可以切片後冷凍保存。豆腐結凍之後會變得比較有嚼勁，吃起來口感也比較好。

RECIPE 1	RECIPE 2	RECIPE 3	RECIPE 4	RECIPE 5
豆腐湯	煎豆腐	燉豆腐	麻婆豆腐	菠菜拌豆腐

清淡香濃的蛋白質餐

豆腐湯

食材

豆腐 1 塊
洋蔥 1 顆
黑豆漿 200 毫升
奶油 1 人匙（15 克）
鹽巴 1/3 小匙

作法

1 將洋蔥切絲後，用抹了奶油的平底鍋炒一炒。（圖 1）

2 炒過的洋蔥放涼，然後跟豆腐、黑豆漿一起用攪拌機打碎。

3 將這些打碎的材料倒進湯鍋中稍微煮一下，最後再用鹽巴調味。（圖 2）

TIPS

➕ 在湯裡灑點麵包丁和堅果，就是飽足的一餐囉。

簡易食譜

➡ **可替換食材**
　奶油→沙拉油
　黑豆漿→豆漿、
　牛奶

料理技巧
煎

難易度 ★
料理時間 20分鐘
分量 2人份

沒有小菜時可以馬上煎來吃

煎豆腐

食材

豆腐 1 塊

雞蛋 3 顆（只用蛋黃）

鹽巴 1/2 小匙

料理韭 1 小匙

太白粉 2 大匙

沙拉油適量

作法

1 將豆腐切成厚片，放進鋪了廚房紙巾的盤子上，灑點鹽巴醃一下。（圖 1）

2 只取雞蛋的蛋黃，加料理酒和鹽巴攪拌。（圖 2）

3 豆腐醃好後裹上太白粉。（圖 3）

4 將沙拉油倒入預熱好的平底鍋，豆腐沾蛋汁後放進去，煎至兩面都變成金黃色。（圖 4）

TIPS

➕ 豆腐先沾點太白粉比較容易被蛋汁包覆，煎的時候也比較不會吸油，這樣吃起來很香但是卻很清淡。

➕ 也可以只灑點鹽巴就拿去煎，這樣就是一道更簡單的煎豆腐。

簡易食譜

➖ **可省略食材**

料理酒、雞蛋

➔ **可替換食材**

料理酒→麻油

太白粉→麵粉、

煎餅粉

難易度 ★★
料理時間 20分鐘
分量 2人份

CP 值超高的白飯小偷

燉豆腐

食材
豆腐 1 塊
鹽巴 1/3 小匙
食用澱粉 1 大匙
沙拉油 1 大匙
調味用辣椒醬
辣椒醬 1 大匙
梅子汁 1 大匙
釀造醬油 1/2 大匙
紅椒 1/2 小匙
昆布水或白開水 1/4 杯
（50 毫升）

簡易食譜
➖ **可省略食材**
　食用澱粉、沙拉油

➡ **可替換食材**
　梅子汁→砂糖
　紅椒→辣椒粉
　食用澱粉→麵粉、
　煎餅粉

作法
1 豆腐切成厚片並以鹽巴醃漬，接著再用廚房紙巾把水分擦乾後裹上食用澱粉。

2 將沙拉油倒入預熱好的平底鍋，把豆腐煎熟。（圖 1）

3 將所有的調味醬材料放進湯鍋中 熬煮至黏稠冒泡。（圖 2）

4 將豆腐放進醬料中，再稍微熬煮一下。（圖 3）

TIPS
➕ 豆腐不煎直接放進醬料裡煮，這樣燉出來的豆腐比較嫩。
➕ 昆布水可以用 6 杯水加 5 片昆布（5×5 公分），在冰箱裡放一個晚上再拿出來用就好。

難易度 ★★★
料理時間 30分鐘
分量 2人份

料理技巧
燉煮

做成蓋飯也行喔

麻婆豆腐

食材

豆腐 1 塊、鹽巴 1/3 小匙、紅辣椒 1 根、大蔥
1/2 根、生薑 1/2 個、辣油 2 大匙、豆瓣醬 1
小匙、蒜末 1 小匙、碎豬肉 50 克、釀造醬油
1 小匙、清酒 1 大匙、水 2/3 杯、蠔油 1 小匙、
砂糖 1/2 小匙、胡椒少許

勾芡 食用澱粉 1 大匙、水 2 大匙

作法

1 將豆腐切成四方形。

2 在滾水裡加鹽巴，豆腐稍微燙一下然
後再輕輕把水擠乾。

3 把紅辣椒、大蔥、生薑切碎。

4 將辣油倒入燒熱的平底鍋，把切碎
的醬料材料炒一炒，接著加豆瓣醬
繼續炒。

5 碎豬肉加醬油、清酒炒過之後倒水煮
至沸騰。

6 放入豆腐，淋上蠔油、撒上砂糖後稍
微煮一下。

7 把勾芡水調好，一點一點慢慢倒進去
調整濃稠度。

TIPS

➕ 沒有辣油的話可以在沙拉油裡加辣椒粉，
用微波爐熱 1 分鐘左右，然後把辣椒粉濾
掉只用油就好。

簡易食譜

➖ **可省略食材** 生薑、胡椒

➡ **可替換食材** 清酒→調味酒｜豆瓣醬→辣椒
醬＋大醬、包飯醬｜蠔油→釀造醬油、調
味醬油｜辣油→沙拉油＋辣椒粉

難易度 ★★
料理時間 30分鐘
分量 1人份

料理技巧
拌

清淡的令人讚不絕口

菠菜拌豆腐

食材

豆腐 1/2 塊、菠菜約 200 克、鹽巴 1/2 大匙

醬料 湯醬油 1 小匙、芝麻鹽 1 小匙、麻油
1/2 小匙、蒜末 1/2 小匙、鹽巴 1/3 小匙、檸
檬汁 1/2 小匙

作法

1 將菠菜洗過後，用加了鹽巴的滾水稍
微汆燙一下。

2 燙好的菠菜用冷水沖洗，然後把多餘
的水分擠乾，再切成方便入口的大小。

3 豆腐用加了鹽的滾水汆燙，然後再用
刀背壓碎。

4 用準備好的材料把醬料調好。

5 菠菜、豆腐裝進碗中，倒入醬料後
拌勻。

TIPS

➕ 燙菠菜時一定要把鍋蓋打開，這樣才不會
有苦味，也才能防止褐變。

簡易食譜

➖ **可省略食材** 檸檬汁

➡ **可替換食材** 湯醬油→蝦醬、釀造醬油
菠菜→茼蒿

莫札瑞拉起司

超強親和力，大家的愛人

不管是什麼種類的食物，莫札瑞拉起司都能以超強的親和力與其融合。莫札瑞拉起司可以把食物襯托得更閃閃發亮，讓平凡的料理脫胎換骨成極品美味。就連有些失敗的料理，只要加點起司，就能體會到美食重生的奇蹟。而且莫札瑞拉起司甚至具有能縮短料理菜鳥與老手之間距離的本領，建議料理初學者更應該多用起司入菜。

挑選方式

確認有效期限購買即可。比起大量購買，還是分次小量購買，盡快吃完較佳。

保存方式

如果買回來之後幾天內就會吃完的話可以冷藏。如果要放久一點，可以依照單次分量分裝在夾鏈袋中，把空氣擠出後冷凍保存。但如果解凍後再冷凍味道會變差。

RECIPE 1	RECIPE 2	RECIPE 3	RECIPE 4	RECIPE 5
起司玉米	番茄起司義大利麵	蘿蔔泡菜起司炒飯	起司辣炒年糕	吐司披薩

料理技巧
煎烤

難易度 ★
料理時間 20分鐘
分量 1～2人份

軟軟的起司包著脆脆的玉米

起司玉米

食材
罐頭玉米 1 杯
紅蘿蔔 1/4 根
洋蔥 1/4 個
美乃滋 1 大匙
莫札瑞拉起司 4 大匙
鹽巴 1/4 小匙
白胡椒 1/4 小匙

作法

1 用熱水把罐頭玉米洗一洗，然後再用濾網把水濾乾。

2 紅蘿蔔和洋蔥切成細絲，然後把紅蘿蔔、洋蔥和玉米加美乃滋拌在一起。（圖 1）

3 將除了起司以外的食材拌在一起裝進烤盤。

4 均勻撒上莫札瑞拉起司，用以 180 度預熱好的烤箱烤約 10 分鐘。（圖 2）

TIPS
⊕ 罐頭玉米一定要把水濾乾再使用。
⊕ 如果能加一些豌豆，讓顏色更繽紛會更美味。
⊕ 如果是用微波爐而不是用烤箱，那建議一開始先熱 2 分鐘，看看起司融化的狀態再來調整時間。

簡易食譜
⊖ **可省略食材**
　紅蘿蔔
⊕ **可替換食材**
　白胡椒→胡椒

 跟起司一起大口吸

番茄起司義大利麵

食材
義大利麵條 90 克
洋蔥 1/2 個
迷你甜椒 2 個
培根 40 克
市售番茄醬 1 杯
橄欖油 2 大匙
莫札瑞拉起司 1/3 杯

作法

1 將洋蔥和迷你甜椒切絲，培根切成適當的長度。（圖 1）

2 將橄欖油倒入平底鍋，加入洋蔥炒出香味。

3 迷你甜椒與培根加入鍋中炒一下，再倒入番茄醬然後轉中火燉煮。（圖 2）

4 義大利麵條煮 7 ～ 8 分鐘。（圖 3）

5 把煮熟的麵和番茄醬拌勻，裝到烤箱用的容器裡。

6 撒上莫札瑞拉起司，用以 200 度預熱的烤箱烤約 15 分鐘。（圖 4）

TIPS

➕ 趁著燙義大利麵的時候炒蔬菜，這樣料理起來更快。

➕ 因為義大利麵要用烤箱再烤一次，所以煮的時間要比包裝標示的少 1 ～ 2 分鐘。

➕ 如果是用微波爐而不是用烤箱，那建議一開始先熱 2 ～ 3 分鐘，看看起司融化的狀態再來調整時間。

簡易食譜

➖ **可省略食材**
　迷你甜椒

➡ **可替換食材**
　培根→火腿、香腸
　迷你甜椒→甜椒

料理技巧
炒

難易度 ★★
料理時間 20分鐘
分量 2人份

加一點咔嚓咔嚓的爽脆口感

蘿蔔泡菜起司炒飯

食材

飯 2 碗
雞胸肉香腸 1 條（60 克）
洋蔥 1/2 個
切過的蘿蔔泡菜 1 杯
碎韭菜 1/3 杯
莫札瑞拉起司 1/2 杯
沙拉油適量

簡易食譜

● **可省略食材**
　雞胸肉香腸、洋蔥、
　韭菜

● **可替換食材**
　蘿蔔泡菜→辣蘿蔔
　泡菜、白菜泡菜｜雞
　胸肉香腸→火腿、
　培根、香腸

作法

1 蘿蔔泡菜、韭菜、洋蔥、雞胸肉香腸切一切。（圖 1）

2 將沙拉油倒入平底鍋，蘿蔔泡菜先炒過一遍，然後加洋蔥
　和香腸再炒一次。（圖 2）

3 把飯倒進去，炒到飯粒泛油光後再撒上起司拌炒。（圖 3）

4 最後倒入韭菜輕輕翻炒。（圖 4）

TIPS
➕ 做炒飯的時候要放比較硬的冷飯，這樣飯粒比較容易被油包覆，
　也比較香、比較好吃。

料理技巧
炒

難易度 ★★
料理時間 30分鐘
分量 2人份

料理技巧
煎烤

難易度 ★★
料理時間 30分鐘
分量 2~3人份

好像在吃焗烤料理

起司辣炒年糕

不用餅皮簡單做

吐司披薩

準備食材
年糕 300 克、莫札瑞拉起司 4 大匙（60 克）、
洋蔥 1/2 個、甜椒 1/2 個、培根 1～2 片、罐
頭玉米粒 3 大匙、橄欖油 1 大匙

醬料 辣椒醬 2 大匙、番茄醬 2 大匙、糖漿 1
大匙、辣椒粉 1 小匙、砂糖 1 小匙

準備食材
吐司麵包 4 片、甜椒 1 個、洋菇 4 個、維也納
香腸 10 根、莫札瑞拉起司 1 杯半、奶油 1 大
匙

番茄醬 橄欖油 1 小匙、番茄汁 1/2 杯、番茄
醬 1 大匙、咖哩粉 1/2 小匙

作法
1 先將年糕泡水。

2 甜椒和洋蔥切絲，培根煎過之後把油
　吸乾，再切成適當的大小。

3 橄欖油倒入平底鍋，加入甜椒和洋
　蔥炒一炒，再把年糕和醬料加進去
　一起炒。

4 待年糕都沾上醬料之後，再倒入罐頭
　玉米粒去炒。

5 把做好的炒年糕裝進烤盤，鋪上起
　司和培根，用以 200 度預熱的烤箱
　烤 10 分鐘。

作法
1 照著洋菇的形狀將洋菇切片，維也納
　香腸則切成長條狀。

2 甜椒籽挖掉後切成適當的大小。

3 橄欖油倒入平底鍋，把番茄醬的材料
　倒進去，熬煮成黏稠的番茄醬。

4 在吐司麵包上抹奶油，然後將番茄醬
　均勻抹上去。

5 把甜椒、洋菇、維也納香腸均勻鋪上，
　再撒上起司。

6 用以 180 度預熱好的烤箱烤 10 分鐘
　左右。

TIPS
➕ 年糕如果結塊的話，可以用熱水燙過再用。

TIPS
➕ 如果是用微波爐而不是用烤箱，那建議一
　開始先熱 3 分鐘，一邊確認料理的狀態一
　邊調整時間。

簡易食譜
➖ **可省略食材** 罐頭玉米粒、甜椒、培根
➡ **可替換食材** 糖漿→果糖、玉米糖漿

簡易食譜
➖ **可省略食材** 洋菇
➡ **可替換食材** 番茄醬→市售義大利麵番茄醬

277

海苔

🔍 **這麼多的營養到底都藏在哪？**

海苔裡含有各種氨基酸、鈣、鉀、鐵、磷等各種礦物質，以及牛磺酸、維生素 A、B 群、C、D 等豐富的營養，可說是一種完全食品。但是如果只有在包飯的時候才會吃海苔，那便無法吸收到足量的營養。除了烤海苔之外，我們還可以用燉、涼拌、煮湯等各種料理方式來運用海苔。通常我們都會沾一點油烤來吃，但油可能會變質，所以建議還是不要一次做太多比較好。

👆 **挑選方式**

海苔要有光澤比較好。最近的海苔都經過包裝才販售，可依照個人的需求與喜好，選擇傳統海苔、石苔、碎海苔、包飯用海苔、調味海苔。其中調味海苔需要確認使用的食材名稱再購買，建議避免內含調味油和合成添加物的產品。

🧺 **保存方式**

密封冷凍。

RECIPE 1	RECIPE 2	RECIPE 3	RECIPE 4	RECIPE 5
炒海苔	海苔飯捲	海苔醬菜	飛魚卵手捲	海苔蛋捲

料理技巧
炒

難易度 ★★
料理時間 30分鐘
分量 4人份

輕鬆完成一道小菜

炒海苔

食材

乾海苔 10 片
沙拉油 1/3 杯
芝麻 1 大匙

醬料
釀造醬油 2 大匙
糖漿 1/2 大匙
砂糖 1 小匙
料理酒 1/2 大匙
梅子汁 1 小匙

作法

1 先把乾海苔切成 12 塊。（圖 1）

2 將沙拉油倒入平底鍋，接著把海苔加進去炒。（圖 2）

3 炒好的海苔先盛起來，將醬料材料倒入鍋中燉煮。（圖 3）

4 最後把剛才盛起來的海苔倒進去，稍微炒一下之後撒上芝麻，再快速翻炒。（圖 4）

TIPS

➕ 炒的時候要用筷子稍微撥一下，讓海苔不要纏在一起。

➕ 芝麻要趁熱灑下去，這樣才會黏在海苔上。

簡易食譜

➡ **可替換食材** 糖漿→玉米糖漿、果糖｜梅子汁→砂糖｜料理酒→清酒、燒酒

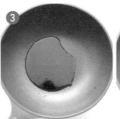

🍲 野餐時不可或缺的角色

海苔飯捲

食材

飯捲用海苔 10 張
白飯 5 碗
飯捲用醃黃蘿蔔 10 條
飯捲用火腿10條(200克)
雞蛋 5 個
黃瓜 2 條
紅蘿蔔 1 條
麻油 1 小匙
鹽巴適量
沙拉油 2 ～ 3 大匙

白飯調味

麻油 1 大匙
鹽巴 1 小匙

作法

1 將醃黃蘿蔔用水洗一洗,然後再把水擦乾。(圖 1)

2 把黃瓜的籽挖掉,將皮的部分切成長條狀,然後用鹽巴稍微醃一下。(圖 1)

3 紅蘿蔔切絲,也用鹽巴稍微醃一下。(圖 1)

4 雞蛋加鹽巴和麻油打成蛋汁,然後再煎成蛋皮並切成蛋絲。(圖 2)

5 火腿燙過後將水擦乾,再加點沙拉油炒一炒。(圖 2)

6 將醃好的紅蘿蔔與黃瓜上的水分擦乾,然後再炒一炒。

7 在白飯中加入麻油和鹽巴,均勻攪拌。(圖 3)

8 將海苔鋪在捲簾上,鋪上一層白飯,接著將材料都放上去之後整條捲起來。(圖 4)

TIPS

➕ 海苔光滑的那一面要朝下,白飯和餡料要放在比較粗糙的那一面上。

➕ 蛋皮放涼之後再切會比較好切。

簡易食譜

➖ **可省略食材**

紅蘿蔔與黃瓜的醃漬過程。

➡ **可替換食材**

黃瓜→菠菜、韭菜

🍲 讓老海苔變身白飯小偷

海苔醬菜

食材
乾海苔 50 片

滷汁
釀造醬油 1 杯半
鰻魚昆布湯＊1 杯
梅子汁 1/2 杯
清酒 1/2 杯
砂糖 1/3 杯
醋 1/3 杯
蜂蜜 1 大匙
糖漿 2 大匙
洋蔥 1 個
青陽辣椒 3 個
乾香菇 4 個
胡椒粒 5 顆
蒜頭 1/2 杯
生薑 1 個
大蔥 1 根
紅棗 6 顆
枸杞 1 大匙

作法
1 將滷汁的材料都裝進湯鍋裡，燉煮 30 分鐘。（圖 1）

2 將滷汁熬好之後，用濾網過濾再放涼。（圖 2）

3 接著把乾海苔切成八塊，每一層都撒上芝麻。（圖 3）

4 將已經完全冷卻的滷汁，一點一點地慢慢淋到乾海苔上。（圖 4）

TIPS
➕ 海苔醬菜做好之後馬上就能吃。
➕ 每一片海苔都撒上芝麻，這樣不必刻意處理，海苔就會自然分開。
＊ 請參考第 307 頁。

簡易食譜
➖ **可省略食材** 枸杞、紅棗、生薑、乾香菇
➡ **可替換食材** 鰻魚昆布湯→水｜清酒→料理酒、燒酒

料理技巧
捲

難易度 ★★
料理時間 30分鐘
分量 1～2人份

料理技巧
煎

難易度 ★★
料理時間 30分鐘
分量 1～2人份

在家就能享受的簡單日式料理

飛魚卵手卷

食材

海苔 4 張、飛魚卵 40 克、白飯 2 碗半、黃瓜 1/2 條、紅蘿蔔 1/3 根、火腿 80 克、蘿蔔嬰 一把、料理酒 1 大匙、山葵適量

甜醋液 醋 2 大匙、砂糖 1 大匙半、鹽巴 1/2 小匙、梅子汁 1 大匙

作法

1 將甜醋液的材料裝入湯鍋，煮至沸騰後放涼。

2 把甜醋液倒入白飯中均勻攪拌。

3 飛魚卵自然退冰，再用加了料理酒的水浸泡沖洗，然後再用濾網把水濾掉。

4 紅蘿蔔和黃瓜切成細絲，短暫浸泡在冰水中，然後再把多餘的水分甩乾。

5 蘿蔔嬰洗乾淨後把水甩乾，火腿切絲後煎熟。

6 將海苔稍微烤一下，然後切成正方形。

7 把飯鋪在海苔上，抹上一點山葵，再把剩下的材料放上去。

8 最後把海苔捲成圓錐狀，再鋪上飛魚卵。

簡易食譜

➖ **可省略食材** 山葵、梅子汁

➡ **可替換食材** 蘿蔔嬰→芽苗菜 | 料理酒→清酒、燒酒

人氣滿分的便當菜色

海苔蛋捲

食材

海苔 1 張、雞蛋 3 個、清酒 1/2 小匙、鹽巴 1/3 小匙、胡椒 1/4 小匙、沙拉油 1 大匙

作法

1 雞蛋加清酒、鹽巴、胡椒後打成蛋汁。

2 沙拉油倒入燒熱的平底鍋，再倒入蛋汁。

3 待蛋皮底部煎熟之後，就鋪上一張海苔，然後慢慢捲起來。

4 轉為小火，待蛋捲完全煎熟，就切成方便入口的大小。

TIPS

➕ 蛋捲用飯捲捲廉捲一下，形狀可以維持比較久。

➕ 加牛奶、水或昆布湯＊，可以做出比較軟嫩的蛋捲。

＊ 請參考第 270 頁。

簡易食譜

➖ **可省略食材** 清酒

➡ **可替換食材** 清酒→料理酒、麻油

麵粉

🔍 **對身體比較好、比較健康的吃法**

精緻麵粉其實對身體不太好，但如果沒辦法完全不吃澱粉的話，那我們可以找找看有沒有對身體比較好、比較健康的吃法。另外我們也應該多購買全麥、裸麥的國產麵粉製品，以代替精緻麵粉製品。此外，吃麵粉製品時，建議最好搭配海藻、蔬菜等富含膳食纖維的食物。在麵粉中加入芝麻、黑芝麻、紫蘇粉、黃豆粉做成麵糰，也不失為一個好方法。比起精緻麵條，選擇添加較少麵粉的蕎麥麵，或是選擇米粉、馬鈴薯粉、澱粉來代替麵粉，都是不錯的方法。

🗑 **保存方式**

密封冷凍。

RECIPE 1	RECIPE 2	RECIPE 3	RECIPE 4	RECIPE 5
馬鈴薯麵疙瘩	麵春捲	蛤蜊刀削麵	薄煎餅	煎蔬菜

料理技巧
燉煮

難易度 ★★★
料理時間 50分鐘
分量 2人份

雨天就一定會想起它

馬鈴薯麵疙瘩

食材
麵粉 1 杯
黃豆粉 1 大匙
鹽巴 1/3 小匙
橄欖油 1 小匙
水 1/2 杯（100 毫升）
鯷魚昆布湯＊4 杯
馬鈴薯 1 顆
紅蘿蔔 1/4 根
櫛瓜 1/3 條
杏鮑菇 1/2 個

作法
1 將麵粉、黃豆粉、鹽巴、橄欖油加水揉成麵糰。（圖 1）

2 麵糰揉好之後，用保鮮膜包覆，放置 30 分鐘發酵。（圖 2）

3 再把馬鈴薯、櫛瓜、紅蘿蔔、杏鮑菇分別切成適當的大小。（圖 3）

4 接著把湯倒入鍋中，加入馬鈴薯、紅蘿蔔、鹽巴熬煮。（圖 4）

5 待馬鈴薯煮熟後，就把麵糰撕成麵疙瘩丟進去煮。

6 待麵疙瘩煮熟浮起來之後，再加進櫛瓜和杏鮑菇多滾一下就完成了。（圖 5）

TIPS
➕ 麵糰加橄欖油，做出來的麵疙瘩會更有嚼勁。
➕ 如果沒有現成的鯷魚昆布湯，可以直接用馬鈴薯、紅蘿蔔、昆布和鯷魚加水煮，然後再加進麵疙瘩之前再撈出來。
＊ 請參考第 307 頁。

簡易食譜
➖ **可省略食材** 黃豆粉、杏鮑菇
➡ **可替換食材** 鯷魚昆布湯→水＋鯷魚＋昆布｜橄欖油→沙拉油｜杏鮑菇→所有菇類

料理技巧
煎

難易度 ★★★
料理時間 40分鐘
分量 2〜3人份

簡樸精緻的迎賓料理

麵春捲

食材

杏鮑菇 1 個

洋蔥 1 個

紅甜椒 1/3 個

黃甜椒 1/3 個

櫛瓜 1/3 條

鹽巴少許

沙拉油適量

麵皮麵糊

全麥麵粉 4 大匙

抹茶粉 1 小匙

鹽巴 1/3 小匙

水 160 毫升

芥末醬

芥末 1/2 小匙

梅子汁 2 大匙

釀造醬油 1 大匙

檸檬汁 1 小匙

醋 2 大匙

砂糖 1/2 小匙

蒜末 1/2 小匙

碎堅果 1 小匙

簡易食譜

⊖ **可省略食材**

　檸檬汁、碎堅果、

　抹茶粉

⊙ **可替換食材**

　櫛瓜→黃瓜

　全麥麵粉→麵粉

　梅子汁→砂糖

作法

1　用準備好的材料把芥末醬調好。

2　把麵糊調好，維持在用勺子撈起時，麵糊會一直往下流不斷掉的濃度。（圖 1）

3　將香菇、洋蔥、甜椒、櫛瓜都切絲，厚度適中。（圖 2）

4　再將蔬菜用鹽巴醃一下，然後分別炒過。

5　倒一匙麵糊到加了油的平底鍋裡，煎成扁平的圓形麵皮。（圖 3、4）

6　最後把麵皮和蔬菜裝盤，再搭配芥末醬一起端上桌。

TIPS

➕ 煎麵皮時不要用太多油，只要用廚房紙巾沾一點抹在鍋底就好。

➕ 倒麵糊的時候用勺子繞一個圈，倒薄薄的一層就好，這樣比較容易翻面。

料理技巧
燉煮

難易度 ★★★
料理時間 50分鐘
分量 2～3人份

🍲 爽口的湯頭最美味

蛤蜊刀削麵

食材

蛤蜊 400 克

鰻魚昆布湯＊6 杯

馬鈴薯 1 顆

櫛瓜 1/3 條

紅蘿蔔 1/3 根

洋蔥 1/2 根

蒜末 1 大匙

鹽巴 1 小匙

大蔥 1 根

刀削麵麵糰

全麥麵粉 2 杯

黑芝麻 1 大匙

橄欖油 1 大匙

鹽巴 1/3 小匙

水 120 毫升（約 2/3 杯）

作法

1 先把麵糰揉好，用保鮮膜包起來放 30 分鐘發酵。（圖 1）

2 蛤蜊可購買已經吐完沙的，或是吐完沙之後再一一搓洗乾淨。（圖 2）

3 將馬鈴薯、洋蔥、櫛瓜、紅蘿蔔切絲。（圖 2）

4 鰻魚昆布湯倒入鍋中，並把洗好的蛤蜊、馬鈴薯、洋蔥、紅蘿蔔、蒜末、鹽巴加進去煮。（圖 3）

5 在砧板上撒麵粉，把麵團放上去，然後用擀麵棍擀平。（圖 4）

6 在擀平的麵糰上撒麵粉，然後把麵糰捲起來，切成粗麵條。（圖 5）

7 蛤蜊湯滾了之後，就把麵條撥散放進去煮。（圖 6）

8 待麵條煮熟，就加入櫛瓜與大蔥，再稍微滾一下就完成了。

TIPS

➕ 刀削麵麵糰加黑芝麻粉或黃豆粉味道會更香。

➕ 可以用水代替鰻魚昆布湯。

＊ 請參考第 307 頁。

簡易食譜

➖ **可省略食材**
黑芝麻粉

🔄 **可替換食材**
鰻魚昆布湯→
水＋（昆布）
橄欖油→沙拉油

料理技巧
煎

難易度 ★★★
料理時間 30分鐘
分量 2人份

料理技巧
煎

難易度 ★★
料理時間 40分鐘
分量 1～2人份

沒有煎餅粉也能輕鬆做

薄煎餅

食材

麵粉 2 杯、發粉 1 小匙、雞蛋 4 顆、牛奶 1 杯、奶油 1 大匙、砂糖 1/2 杯、鹽巴 1/2 小匙、蜂蜜適量

作法

1 奶油先在室溫下放 1 小時。

2 麵粉用篩網篩兩次，然後再加進發粉、鹽巴、砂糖攪拌混合。

3 把蛋打散後加牛奶攪拌做成蛋汁。

4 將蛋汁倒入麵粉裡，攪拌至沒有任何結塊為止。

5 奶油抹在平底鍋底，倒入適量的麵糊，用小火煎烤。

6 如果麵糊膨脹並產生氣泡的話就翻面煎。

7 熟了的煎餅就裝盤，再淋上蜂蜜。

TIPS

➕ 搭配水果或堅果當配料，就是飽足的一餐了。

沒有煎餅粉也超好吃

煎蔬菜

食材

櫛瓜 1/2 條、紅蘿蔔 1/2 根、洋蔥 1 個、芝麻葉 10 片、碎珠蔥 1/2 杯、麵粉 1 杯、水 2/3 杯、雞蛋 1 顆、鹽巴 1/2 小匙、大蒜粉 1 小匙、蝦子粉 1/2 大匙、胡椒 1/4 小匙、沙拉油適量
醋醬油 醬油 3 大匙、醋 2 小匙、砂糖 1/2 小匙

作法

1 蔬菜處理好先洗乾淨切絲，並把珠蔥切碎。

2 將麵粉、雞蛋、水、蝦子粉、大蒜粉拌成麵糊，攪拌至沒有結塊。

3 將切絲的蔬菜放入麵糊中輕輕攪拌。

4 沙拉油倒入已燒熱的平底鍋，麵糊一匙匙倒上去，煎至外皮酥脆。

5 煎好的蔬菜裝盤，沾醋醬油配著吃。

TIPS

➕ 蔬菜可以用冰箱裡剩的就好。

➕ 調麵糊時在麵粉裡加入大蒜粉、蝦子粉、香菇粉，味道不會輸給用煎餅粉做的煎餅。

➕ 可以煎成一口煎餅，也可以煎很大一塊再切開來沾醬吃。

簡易食譜

➡ **可替換食材** 麵粉＋發粉→煎餅粉
　　　　　　　奶油→沙拉油

簡易食譜

➖ **可省略食材** 大蒜粉、蝦子粉、胡椒

➡ **可替換食材** 大蒜粉→蒜末
　　　　　　　蝦子粉→香菇粉

咖哩

🔍 想要健康享用素食咖哩

韓文的咖哩是取自日文發音。咖哩又被稱作「瑪撒拉」，是混合了薑黃、肉桂、芥末、生薑、胡椒、蒜頭、薄荷、丁香等 20 多種材料製成的印度香料兼醬料的統稱。咖哩的味道會隨著香料搭配而改變，和我們平常吃的咖哩也有很大的差別。

目前所知的咖哩功效已經有預防癡呆、活絡大腦、預防憂鬱症、抗發炎、抗癌等，咖哩的主要原料是薑黃，其中具有強大抗氧化功效的物質——薑黃素。但我們常吃的速食咖哩，天然香料的含量較少，反而添加各種合成添加物和澱粉等食材，究竟能不能被歸類為健康食品，還有待商榷。但即使不能吃到最正統的咖哩，但也可以選擇第二好的方法，也就是盡可能地多加一些薑黃粉，並加入各種蔬菜搭配，這樣應該多少可以撫慰一下速食咖哩不夠健康的遺憾吧。

🧺 保存方式

開封的咖哩粉應該密封冷藏或冷凍。

RECIPE 1	RECIPE 2	RECIPE 3	RECIPE 4	RECIPE 5
咖哩飯	烤白帶魚	咖哩炒年糕	咖哩烏龍麵	咖哩炒飯

什麼時候吃都不會膩

咖哩飯

準備食材

雞里肌 150 克
洋蔥 2 個
馬鈴薯 1 顆
紅蘿蔔 1/4 根
橄欖油 2 大匙
蒜末 1 大匙
鹽巴 1 小匙
水 3 杯半（700 毫升）
咖哩粉 100 克
白飯 3 碗

簡易食譜

➖ 可省略食材
　雞里肌

🔁 可替換食材
　雞里肌→豬肉、
　牛肉
　橄欖油→沙拉油、
　奶油

作法

1 先將雞里肌用水洗乾淨之後切成一口大小。（圖 1）

2 馬鈴薯、紅蘿蔔、洋蔥也切成方便食用的大小。（圖 2）

3 將橄欖油倒入湯鍋，把蒜末和雞肉加進去炒，炒到雞肉熟了為止。（圖 3）

4 接著加入洋蔥，炒到洋蔥變透明。（圖 4）

5 加入馬鈴薯和紅蘿蔔，稍微炒一下之後就倒水進去煮。（圖 5）

6 馬鈴薯熟了之後把火關小。

7 加入咖哩粉，攪拌至粉完全融化為止。（圖 6）

8 白飯裝盤，再把咖哩淋上去。

TIPS

➕ 可以用高麗菜、櫛瓜、番茄、菠菜等冰箱裡的蔬菜來代替肉。蔬菜咖哩也很好吃。

➕ 因為速食咖哩已經調味好了，所以盡量不要加鹽。

➕ 咖哩加熱時可以加點牛奶，味道會變得比較柔和。

用咖哩去腥、增添美味

烤白帶魚

準備食材
白帶魚 2 塊（半尾）
咖哩粉 1 大匙
鹽巴 1/3 小匙
沙拉油 1 大匙

作法
1 先把白帶魚的鰭切掉，鱗片刮除後洗乾淨。
2 在白帶魚上切幾道刀痕，抹上鹽巴醃 10 分鐘。（圖 1）
3 把咖哩粉撒在白帶魚上。（圖 2）
4 沙拉油倒入平底鍋中，把白帶魚煎熟。（圖 3）

TIPS
➕ 白帶魚用鹽巴醃過後再撒咖哩粉，然後分成小包裝冷凍，這樣要吃的時候就能馬上吃。

簡易食譜
➖ **可省略食材**
鹽巴

料理技巧
燉煮

難易度 ★★
料理時間 40分鐘
分量 2人份

大人也喜歡的美味

咖哩炒年糕

準備食材
咖哩粉 1/2 杯
魷魚 1 尾
厚切傳統年糕 2 杯
水 3 杯
蝦子粉 1/3 小匙
蒜末 1/3 小匙

作法
1 在魷魚的內側切出格子狀的刀紋,然後再切成一口大小。
2 將水倒入鍋中,再把咖哩粉加進去,攪拌至沒有任何結塊。
3 加入蒜末、年糕、魷魚、蝦子粉熬煮。(圖1)
4 以中火熬煮至湯汁呈黏稠狀,煮的時候要一邊用勺子翻攪,避免沾鍋。(圖2)

TIPS
➕ 如果是很硬的年糕,可以先用滾水燙過再煮。
➕ 也可以用辣椒醬做的辣炒年糕裡加咖哩粉。
➕ 如果有做咖哩飯用剩的咖哩醬,可以直接拿來做咖哩炒年糕。

簡易食譜
➖ **可省略食材**
   蝦子粉、魷魚
➡ **可替換食材**
   魷魚→蝦子

料理技巧
燉煮

難易度 ★★
料理時間 40分鐘
分量 2人份

 料理技巧
炒

難易度 ★
料理時間 40分鐘
分量 1～2人份

即使湯汁濺得到處都是也停不下來

咖哩烏龍麵

準備食材

烏龍麵條 400 克、咖哩粉 1/2 杯、洋蔥 1/2 個、蛤蜊 2 杯、水 5 杯、料理酒 1 大匙、蔥 1/2 根

作法

1 先將蛤蜊泡在鹽水裡，用黑色塑膠袋包起來放一個小時吐沙。

2 將洋蔥切成粗絲，蔥斜切片。

3 吐完沙的蛤蜊裝進湯鍋中，再倒入水。

4 待水煮開後加入料理酒，並把蛤蜊撈出來。

5 把咖哩粉倒入燙過蛤蜊的水中泡開，接著加入洋蔥燉煮一下，再把烏龍麵條放進去。

6 待烏龍麵熟了之後加蔥和蛤蜊，這樣就完成了。

TIPS

➕ 加綠豆芽或是韭菜也很好吃。

簡易食譜

➡ **可替換食材** 料理酒→清酒、燒酒

輕鬆提味

咖哩炒飯

準備食材

白飯 1 碗半、咖哩粉 1 大匙、雞尾酒蝦 10 尾、櫛瓜 1/3 條、沙拉油 2 大匙、無鹽奶油 1 大匙

蝦子醃漬 鹽巴 1/3 小匙、料理酒 1 小匙、生薑汁 1/3 小匙

作法

1 先將櫛瓜削皮後把籽挖掉，然後再切塊。

2 蝦子洗乾淨，用鹽巴、料理酒、生薑汁先醃一下。

3 沙拉油倒入預熱好的平底鍋，抹上奶油後再加入櫛瓜去炒。

4 接著加入蝦子一起炒，然後再加飯炒。

5 最後用咖哩粉調味，再稍微炒一下就完成了。

TIPS

➕ 炒飯可用咖哩粉代替鹽巴和蠔油調味，這樣更能提味。

簡易食譜

➖ **可省略食材** 生薑汁、無鹽奶油

➡ **可替換食材** 料理酒→清酒、燒酒｜櫛瓜→紅蘿蔔、馬鈴薯、地瓜等｜蝦子→魷魚

—
附錄

廚房新手的
基礎料理課

讓家常菜更美味的料理祕訣

1. 調味時不要只用鹽巴或醬油一種調味料，可以混合鹽巴、湯醬油、魚露，這樣更美味。

2. 像麻油＋紫蘇油、煎餅粉＋酥炸粉、大醬＋辣椒醬、清麴醬＋大醬這樣混合，可以讓味道更有層次。

3. 麻油、紫蘇油、橄欖油等的冒煙點都很低，單獨加熱時會產生對身體不好的物質，搭配冒煙點較高的沙拉油一起加熱比較安全。

4. 用糖漿、玉米糖漿、果糖、梅子汁、洋蔥醋、果汁等代替砂糖，這樣調出來的甜味比較健康。

5. 火腿、香腸、培根、蟹肉棒、魚板等，用滾水燙過之後再料理，就能減少攝取合成添加物。

6. 料理酒可代替清酒，燒酒去腥，料理時加一點，則是能提出食材甘甜的調味料，家中常備，要用時很方便。

7. 在做調味醬、醃黃瓜汁、醬菜醬油的時候，要先用相同分量的主要食材製作，然後再配合個人口味添加食材進去，這樣比例才不會失衡，也可以保持美味。

8. 洗米的時候把洗米水留下來，放一、兩片昆布進去，放入冰箱中冷藏，這樣在煮湯或鍋類料理時就能直接使用。

9. 沒有所謂的黃金食譜，書中所說的食材分量都只是參考用，經常做菜的人，應該可以找出屬於自己的黃金食譜。

BASIC
02

計量

在料理的過程中，跟食材一樣重要的就是計量。你可以使用計量杯、計量匙等計量工具，也可以用一般湯匙、紙杯、手來計量。

杯子計量法

　　1 杯指得通常是 200 毫升。用杯子計量時，刻度的高度要跟眼睛平行，這樣子才能看到正確的刻度。

　　如果沒有計量杯，可以用紙杯或牛奶盒代替。使用 200 毫升的牛奶盒時，裝到距離到牛奶盒凹陷處約 0.5 公分的高度就是 200 毫升，紙杯則是裝滿一整杯就是 200 毫升。

TIP 如果是用 500 毫升的牛奶盒代替 500 毫升的計量杯，那只要裝到距離牛奶盒凹陷處 0.5 公分的位置即可。

湯匙計量法

大匙（1T）是 15 毫升，小匙（1t）是 5 毫升。用湯匙計量時，要裝滿一整匙，然後再用筷子把上面掃平。

如果沒有計量匙，那可以用大人用的湯匙代替。粉類食材、辣椒醬與大醬等醬類，裝滿一整匙就等同於 1 大匙的分量，液體類則是要裝滿一整匙，再額外加上能夠覆蓋湯匙底部的分量才行。

1 小匙則是大人用湯匙的一半，兒童用湯匙只要裝滿就可以了。

每一戶家庭的湯匙大小都不太一樣，如果想正確計量，建議購買計量湯匙用較好。

手計量法

義大利麵條 1 人份是 100 公克，大約就是大拇指與食指繞成一個圈的分量。不過義大利麵的種類、副食材很多變，所以通常 1 人份都會抓得比較寬鬆，約是 60 ～ 100 克左右。

每一種食材的 100 克標準如下：白菜大片葉子 1 片，馬鈴薯中等大小 1 個，萵苣大片葉子 2 片，洋蔥、紅蘿蔔與地瓜是中等大小 1/2 個。

韭菜、珠蔥、細蔥等一把的分量換算成重量，通常就是 100 克，可能會因為手的大小不一樣而產生差距，考慮食物的分量與個人喜好添加就好。

調味料類的「少許」

鹽巴、砂糖、胡椒等調味料的「少許」，是計量湯匙的 1 小匙（1t），也就是以小湯匙為基準，配合個人口味添加 1/4 小匙、1/3 小匙、1/2 小匙或 1 小匙。

BASIC
03

刀工

如同每一道料理都有合適的食材,每一種食材也都有合適的切法。

切片

　　這是一種保持食材原貌的切法。把食材橫放,以一定的距離為間隔平行切開。像做涼拌黃瓜、煎櫛瓜、燉蓮藕的時候都會用到。

斜切片

　　這是從某一個角度,斜斜地將又細又長的食材切開的方法。這樣食材的斷面會比較大,也比較容易吸收醬料,所以通常是在切加進湯類或鍋類料理中的調味食材、辣椒和蔥時會用到。

切絲

　　將食材切成細長狀的方法,通常是先將食材切成薄片後再切絲。可運用於像是蘿蔔絲等各種食材上。

切丁

　　這是經過多次刀切,讓食材變成細末的方法。像大蔥這樣的食材,通常是切成數段之後再切末。像洋蔥這種圓形的食材則是要沿著食材的紋理,像在畫線一樣用刀尖切開,然後要換個方向再切一次。可以用在調味醬、炒飯等料理。

切塊

這是把食材切成像骰子一樣的方法。通常是將切片的食材切成2公分寬,然後切完之後再換一個方向切,讓食材變成正方體或是長方體。分為中間與邊緣兩個部分來切,就不會剩下任何切不到的食材了。通常可以用於醃蘿蔔泡菜、麻婆豆腐、咖哩等料理。

削皮

如果圓形食材要連皮一起用的話,就會用到這個切法。通常是像水果削皮一樣,一邊轉動食材一邊把皮削下來。在切黃瓜、櫛瓜等食材時會用到,把皮削下之後再切絲做成涼拌料理。

大塊切

這是把食材切成扁平四方形的方法。需要多少食材就切下多少,然後再把食材切成2～3公分厚,通常會變換方向,這樣才能切成又薄又大的形狀。

半圓切

這是將又圓又長的食材對半切之後,再橫放切成半圓形片狀的方法。可運用於馬鈴薯、櫛瓜、紅蘿蔔等做麵疙瘩的食材。

削角切

這種技巧是先將材料切成塊狀,然後再把邊角削掉,讓食材變成圓形的方法。常用於馬鈴薯、栗子、紅蘿蔔等燉排骨的食材。

熬湯頭的方法

類型

依照熬湯頭用的主要材料，可分為用牛腿骨等骨頭熬煮的大骨湯、用牛肉熬煮的肉湯、用鰻魚和昆布熬煮的鰻魚昆布湯、用明太魚熬煮的明太魚湯，以及用多種蔬菜熬煮的蔬菜湯、用雞肉熬煮的雞湯等。

食材

除了主要的食材之外，還會加大蔥、洋蔥、蘿蔔、蒜頭、辣椒等各種蔬菜、水果等副食材，不需要太過侷限，看冰箱裡還剩什麼就拿什麼來用。

保存

幾天內就會用掉的湯頭可以冷藏，要放很久的則是依照單次用量分裝後冷凍。要放很久的湯頭，則建議盡量不要加蒜頭、生薑進去煮。

牛骨湯

食材
水 10 杯
牛腿骨 400 克
蘿蔔 100 克
蒜頭 10 顆
大蔥 1 根

作法
1 將牛腿骨泡水一天，期間水要更換三～四次，這樣才能把血水去乾淨，接著用大火煮 10 分鐘，再用冷水沖洗。
2 再把牛腿骨泡進水裡，加進大蔥、蘿蔔、蒜頭用大火熬煮。
3 把大蔥和蒜頭撈出來，轉為中火，熬煮至少 6 個小時，直到湯頭慢慢轉變成白色。
4 待湯冷卻之後，把凝固的油脂撈掉就能用了。

TIPS
➕ 放一些其他部位的骨頭進去，熬出來的湯頭會更濃郁。

肉湯

食材
水 10 杯
牛肉 400 克
蒜頭 10 顆
蘿蔔 400 克
大蔥 1 根
胡椒粒 1 小匙
洋蔥 1 個
清酒 1/3 杯

作法
1 將已經去血水的牛肉（牛腩、牛腱）、大蔥、洋蔥、蒜頭、胡椒粒、清酒一起放入水裡煮。
2 轉為中火，熬煮至水只剩下一半為止。
3 用棉布或紗布濾過一次之後放涼，把凝固的油脂撈掉就能使用了。

TIPS
⊕ 熬湯時浮在表面的泡沫要撈掉，這樣湯才會乾淨清爽。
⊕ 可運用於年糕湯、餃子湯、湯類料理，燙熟的牛肉則可以做成醬牛肉。

鰻魚昆布湯

食材
水 7 杯
湯用鰻魚 20 尾
昆布 2 片（5 x 5 公分）
大蔥 1 根
蘿蔔 50 克
洋蔥 1/2 個
料理酒 1 大匙

作法
1 將鰻魚的內臟清除，處理乾淨後用平底鍋乾炒，注意不要燒焦，然後用篩網把雜質篩掉。
2 水倒入鍋子裡，把鰻魚和昆布、大蔥、蘿蔔、洋蔥、料理酒放進去，用大火熬煮 5 分鐘，然後就把昆布撈出來。
3 轉為中火熬煮 10 分鐘。
4 冷卻後用棉布或紗布過濾就可以使用了。

TIPS
⊕ 除了鰻魚之外，還可加沙丁魚、鯡魚、明太魚，這樣湯的味道更好。
⊕ 撈出來的昆布不要丟掉，可以切一切用醬油滷來吃，或是切碎之後加進料理中。
⊕ 麵疙瘩、宴會麵、湯類、鍋類料裡都能使用。

昆布湯

食材
水 6 杯
昆布 6 片（5 x 5 公分）
青陽辣椒 1 個
柴魚片 80 ～ 10 克

作法
1 將水倒入鍋中，加入昆布、青陽辣椒煮 10 分鐘後再把湯濾出來。
2 在步驟 1 濾出來的湯裡加入柴魚片，煮 5 分鐘後用棉布或紗布過濾使用。

TIPS
⊕ 可用於魚板湯、麵類料理、熱炒類料理。

明太魚湯

食材
水 6 杯
明太魚乾 1 尾（只用魚頭）
大蔥 1/2 根
昆布 2 片（5 x 5 公分）
蘿蔔 100 克
洋蔥 1 個
蒜頭 5 顆
料理酒 2 大匙

作法
1 將明太魚乾的頭和尾切下來，用水沖洗。

2 把水倒入鍋中，加入明太魚頭、昆布、大蔥、蘿蔔、洋蔥等食材，用大火煮約 5 分鐘，然後把昆布撈出來。

3 煮 15 ～ 20 分鐘，放涼之後用棉布或紗布過濾使用。

TIPS
➕ 可以直接購買熬湯用的明太魚頭，也可以用明太魚絲、明太魚肉熬湯。
➕ 適用於黃豆芽湯等解酒湯。

蔬菜湯

食材
水 7 杯
蘿蔔 200 克
大蔥 1 根
高麗菜 1/4 顆
紅蘿蔔 1/2 根
香菇 1 杯
洋蔥 1 個
蒜頭 6 顆

作法
1 將大蔥、高麗菜、紅蘿蔔、香菇、洋蔥、蒜頭等切成適當的大小。

2 水倒入鍋中，把所有食材加進去煮 30 ～ 40 分鐘。

3 冷卻後用棉布或紗布過濾使用。

TIPS
➕ 香菇的種類不拘，有剩的都可以拿來用。
➕ 葷柄、花椰菜根、高麗菜芯、白菜或蘿蔔的頭等通常不太會吃的部分營養反而更多，所以可以收集起來熬湯。
➕ 適合用於西式湯品或韓式湯類料理。

雞湯

食材
水 4 杯
雞肉 200 克
大蔥 1/2 根
蒜頭 5 顆
芹菜 1/4 根

作法
1 雞肉處理好後用滾水先燙過一次，然後再洗乾淨。

2 水倒入湯鍋中，將雞肉、大蔥、胡椒、芹菜等放進去，熬煮至少一個小時，至湯頭變成白色。

3 待雞肉煮熟後就撈出來，把肉剁掉，再把骨頭放進去繼續熬煮。

4 冷卻之後將凝固的油脂和雜質撈掉，用棉布或紗布過濾使用。

TIPS
➕ 也可以用雞爪、雞骨、雞頭來熬湯。
➕ 用雞骨熬湯的話，可以先用烤箱或平底鍋稍微烤一下，這樣熬出來的湯頭會更濃郁。

能夠馬上熬出湯頭的方法

- 沒有事先準備好湯頭時，可以加昆布和鯷魚（明太魚）煮，煮開後再撈出來即可。也可以用市售的湯包，這樣更方便。
- 準備一些鯷魚粉、昆布粉、香菇粉，料理的最後階段再加進去，就有和湯頭一樣的效果。不過可能會比較沒那麼爽口。
- 將昆布和鯷魚浸泡在沒煮過的洗米水或自來水中，放在冰箱裡泡過後再用也行。

加進湯頭裡會加分的食材

乾蝦、沙丁魚、小青魚
要在短時間內熬出濃郁湯頭的時候可以加這些食材，可以熬出濃郁甘甜的湯。

蔥根
處理大蔥時，可以把蔥根洗乾淨晾乾，冷凍保存後要熬湯時再加進去，這樣熬出來的湯濃郁又爽口。

洋蔥皮、蒜頭皮
處理洋蔥和蒜頭，撥下來的皮洗乾淨晾乾冷凍，料理時可以使用。

乾牛蒡、乾蓮藕
牛蒡和蓮藕曬乾之後加進湯裡煮，風味更佳。

清酒、料理酒、燒酒、月桂葉、胡椒粒
可以去腥。

水果
加點吃剩的水果或曬乾的水果，熬出來的湯會比較甘甜，但可能會讓湯頭過甜，所以注意別放太多。

**BASIC
05**

製作常備醬料

調味醬油

- 使用等量的湯頭和釀造醬油,加料理酒、糖漿(砂糖)、水果、蔬菜等,燉煮一段時間之後放涼冷藏。
- 製作湯頭時順便做調味醬油很方便。
- 比起肉湯和大骨湯,用明太魚湯、蔬菜湯來做會比較好。

拌麵醬料

- 以辣椒醬 1、胡椒粉 1、釀造醬油 1、醋 1(或 2/3)、糖漿 1(或 1/2)的比例,加蒜末、生薑汁等,混合之後再依照個人喜好添加調味料。
- 也可以磨一點黃瓜或梨子、蘋果等加進去,或是減少一點醋和砂糖的量,改加糖漬梅子汁或糖漬水果汁。
- 可用於拌麵、筋道麵、醋拌料理等。
- 冷藏保存,可放一個月以上。

韓式鍋類調味醬(萬能調味醬)

- 用鯷魚昆布湯(水)3 和辣椒粉 3、蒜末 1、魚露(湯醬油)1 混合製成。
- 煮大醬鍋、豆腐鍋、部隊鍋、海鮮鍋、泡菜鍋等,所以韓式鍋類料理都能使用,加了這種醬汁後調味更容易。
- 也可當作辣燉料理、辣拌料理或辣炒年糕的醬料使用。
- 冷藏可放一個月以上。

40種食材料理

My LIfe 生活樹　生活樹系列 064

冰箱常備食材料理百科

아는 요리 : 40 가지 만만한 식재료 200 가지 맛있는 레시피

作　　　者	韓銀子 (한은자)、宋芝炫 (송지현)
譯　　　者	陳品芳
總 編 輯	何玉美
主　　　編	紀欣怡
責　　　編	林冠妤
封 面 設 計	比比司設計工作室
版 型 設 計	陳仔如
內 文 排 版	許貴華

出 版 發 行	采實文化事業股份有限公司
行 銷 企 劃	陳佩宜・黃于庭・馮羿勳
業 務 發 行	盧金城・張世明・林踏欣・林坤蓉・王貞玉
會 計 行 政	王雅蕙・李韶婉
法 律 顧 問	第一國際法律事務所　余淑杏律師
電 子 信 箱	acme@acmebook.com.tw
采 實 官 網	http://www.acmebook.com.tw
采實粉絲團	http://www.facebook.com/acmebook

Ｉ Ｓ Ｂ Ｎ	978-957-8950-56-6
定　　　價	399 元
初 版 一 刷	2018 年 9 月
劃 撥 帳 號	50148859
劃 撥 戶 名	采實文化事業股份有限公司
	104 台北市中山區建國北路二段 92 號 9 樓
	電話：(02)2518-5198
	傳真：(02)2518-2098

國家圖書館出版品預行編目資料

冰箱常備食材料理百科 / 韓銀子 , 宋芝炫著
; 陳品芳譯 . -- 初版 . -- 臺北市 : 采實文化 ,
2018.09
　　面；　公分 . -- (生活樹系列 ; 64)
ISBN 978-957-8950-56-6(平裝)

1. 食譜 2. 烹飪

427.1　　　　　　　　　　107012422

廣　告　回　信
台　北　郵　局　登　記　證
台北廣字第03720號
免　貼　郵　票

采實文化　采實文化事業有限公司

104台北市中山區建國北路二段92號9樓

采實文化讀者服務部　收

讀者服務專線：02-2518-5198

40 種萬用百搭好食材指南
200 道便當菜、家常菜輕鬆上桌

廚房有這些就安心！

冰箱常備食材

料・理・百・科

韓銀子／宋芝炫 ── 著
陳品芳 譯

冰箱常備食材料理百科

아는 요리 : 40 가지 만만한 식재료 200가지 맛있는 레시피

讀者資料（本資料只供出版社內部建檔及寄送必要書訊使用）：

1. 姓名：
2. 性別：□男　□女
3. 出生年月日：民國　　　　年　　　　月　　　　日（年齡：　　　　歲）
4. 教育程度：□大學以上　□大學　□專科　□高中（職）　□國中　□國小以下（含國小）
5. 聯絡地址：
6. 聯絡電話：
7. 電子郵件信箱：
8. 是否願意收到出版物相關資料：□願意　□不願意

購書資訊：

1. 您在哪裡購買本書？□金石堂（含金石堂網路書店）　□誠品　□何嘉仁　□博客來
　□墊腳石　□其他：＿＿＿＿＿＿＿＿＿＿＿＿＿＿＿＿＿＿＿＿（請寫書店名稱）
2. 購買本書日期是？＿＿＿＿＿年＿＿＿＿＿月＿＿＿＿＿日
3. 您從哪裡得到這本書的相關訊息？□報紙廣告　□雜誌　□電視　□廣播　□親朋好友告知
　□逛書店看到　□別人送的　□網路上看到
4. 什麼原因讓你購買本書？□喜歡料理　□注重健康　□被書名吸引才買的　□封面吸引人
　□內容好，想買回去做做看　□其他：＿＿＿＿＿＿＿＿＿＿＿＿＿＿＿＿（請寫原因）
5. 看過書以後，您覺得本書的內容：□很好　□普通　□差強人意　□應再加強　□不夠充實
　□很差　□令人失望
6. 對這本書的整體包裝設計，您覺得：□都很好　□封面吸引人，但內頁編排有待加強
　□封面不夠吸引人，內頁編排很棒　□封面和內頁編排都有待加強　□封面和內頁編排都很差

寫下您對本書及出版社的建議：

1. 您最喜歡本書的特點：□圖片精美　□實用簡單　□包裝設計　□內容充實
2. 關於食材料理的訊息，您還想知道的有哪些？
　＿＿＿＿＿＿＿＿＿＿＿＿＿＿＿＿＿＿＿＿＿＿＿＿＿＿＿＿＿＿＿＿＿＿＿＿＿
　＿＿＿＿＿＿＿＿＿＿＿＿＿＿＿＿＿＿＿＿＿＿＿＿＿＿＿＿＿＿＿＿＿＿＿＿＿
3. 您對書中所傳達的步驟示範，有沒有不清楚的地方？
　＿＿＿＿＿＿＿＿＿＿＿＿＿＿＿＿＿＿＿＿＿＿＿＿＿＿＿＿＿＿＿＿＿＿＿＿＿
　＿＿＿＿＿＿＿＿＿＿＿＿＿＿＿＿＿＿＿＿＿＿＿＿＿＿＿＿＿＿＿＿＿＿＿＿＿
4. 未來，您還希望我們出版哪一方面的書籍？
　＿＿＿＿＿＿＿＿＿＿＿＿＿＿＿＿＿＿＿＿＿＿＿＿＿＿＿＿＿＿＿＿＿＿＿＿＿
　＿＿＿＿＿＿＿＿＿＿＿＿＿＿＿＿＿＿＿＿＿＿＿＿＿＿＿＿＿＿＿＿＿＿＿＿＿